COLIN RIVAS

COLIN RIVAS

COLIN RIVAS

LA NACIÓN DEL CORONAVIRUS

¿VIRUS SINTÉTICO O NATURAL?

COLIN RIVAS

COLIN RIVAS

COLIN RIVAS

LA NACIÓN DEL CORONAVIRUS: ¿ViRUS NATURAL o SINTÉTICO?
POR
COLIN RIVAS
JORDAN
MAXWELL

COLIN RIVAS

COLIN RIVAS

ÍNDICE

Introducción		13
Agradece		17
Cap. 1	¿CÓMO EMPEZÓ TODO ESTO DE LOS VIRUSES?	19
Cap. 2	EL OBJETIVO DEL JUEGO	27
Cap. 3	EL NACIMIENTO DE LOS VIRUS DE LABORATORIO	51
Cap. 4	LOS SALARIOS DE LA MUERTE	77
Cap. 5	¿CÓMO EMPEZÓ ESTO DE LAS ARMAS BIOLÓGICAS?	85
Cap. 6	SE QUE LIBERASTE UN VIRUS EL PASADO VERANO	103
Cap. 7	EL PACIENTE CERO Y EL LUGAR DONDE SE CREÓ EL MATA VIEJOS	119
Cap. 8	LA OMS CHIRINGUITO DE LOS CHINOS Y GLOBALISTAS	133
Cap. 9	¿QUIÉN ES EL CULPABLE?	143
Cap. 10	LA BATALLA DEL NUEVO DESORDEN MUNDIAL Y LA GUERRA DEL DINERO	161

COLIN RIVAS

COLIN RIVAS

©Colin Rivas 2019 Primera Edición
©Colin Rivas y Jordan Maxwell 2020 Segunda Edición
Printed by Amazon
Editado por www.colinrivas.com.
Todos los derechos reservados.
Contenido, Ilustración de portada e ilustraciones: Colin Rivas
Queda prohibida, salvo excepción prevista en ley, cualquier forma de reproducción, distribución, comunicación pública y transformación de esta obra sin contar con la autorización de los titulares de propiedad intelectual. La infracción de los derechos mencionados puede ser constitutivo de delito contra la propiedad intelectual.
ISBN 978-1-71601-239-6

COLIN RIVAS

COLIN RIVAS

«...Si tu enemigo es superior, evadirlo. Finge ser débil, para que pueda relajarse. Si sus fuerzas están unidas, sepárelas. Atacarlo donde no está preparado, aparecer donde no se espera...»

- Sun Tzu (GENERAL CHINO 600 A.C)

COLIN RIVAS

LA NACIÓN DEL CORONAVIRUS

INTRO

«...la nación del coronavirus investiga como China infectó al mundo con un virus letal y explica las estrictas leyes al estilo NAZI que de repente han sido introducidas por muchos gobiernos de todo el mundo en 2020, ¡y estas leyes se introdujeron a pesar de que los principales institutos de salud ya habían declarado que el virus chino alias COVID19 NO era, repito NO ERA, una pandemia importante!

Pero, no importa: los gobiernos aprovecharon la oportunidad para subir la temperatura e introducir nuevas leyes que les permitieran dirigir un estado dictador orwelliano y llevar a cabo experimentos médicos, medicamentos forzados, vacunas forzosas y encarcelamientos sin juicio, sin supervisión alguna cuando consideren que una persona es un 'peligro para la salud pública': ¡todo esto se ha hecho poco DESPUÉS de que el coronavirus fuera degradado como un riesgo importante para la salud!

El 11 de mayo de 1987, el London Times publicó un explosivo artículo titulado "La vacuna contra la viruela que desencadenó el virus del SIDA". La historia sugería que el programa de vacunación contra la viruela, patrocinado por la OMS, era el responsable de desencadenar el SIDA en África. Casi 100 millones de africanos que viven en África central fueron inoculados por la Organización Mundial de la Salud.

LA NACIÓN DEL CORONAVIRUS

La vacuna fue por entonces la responsable del despertar de un brote del virus del SIDA que había estado "inactivo"... En este nuevo y fascinante libro de investigación especial, revelamos que tanto el SIDA como ÉBOLA están vinculados a los programas de Vacunas en África. Pero, no nos quedamos ahí, sino que vamos más allá, y añadimos los programas de fumigación masivos que ocurren en puntos determinados del globo, los cuales están controlados por la élite real que domina el planeta y desea una paulatina reducción de la población y hacer también estúpida a la población del planeta, en cuanto alcancen los 40-50 años sino antes.

Estos programas que aparentemente parecen beneficiosos para la población tanto de África como del mundo occidental a simple vista, esconden un velo de misterio y complicados cálculos y datos científicos que a la larga no solo afectan a nuestro psyche sino también a nuestro cerebro. El propósito de los globalistas y banqueros es atacar el nivel atómico y celular del ser humano, si puede ser deteriorarlo, para que este no tenga poder de libre pensamiento crítico y pueda revelarse contra tus nuevos autodenominados "señores feudales," los cuales pretenden llevar a cabo su plan de exterminio y guerra global contra el ser humano.

LA NACIÓN DEL CORONAVIRUS

Hablaré de las epidemias pasadas de la peste negra, la gripe española y el cólera, y de cómo fueron extendidas también por chinos a las órdenes de agentes globalistas de la antigüedad y modernidad

Las epidemias de Sida, ébola y coronavirus Mers empezaron en laboratorios de Africa y medio oriente. Como los chinos han robado de laboratorios rusos, americanos y occidentales varios patógenos incluido el Sida y la viruela. Muchas de estos virus fueron puestos en vacunas y distribuidos en África. El Sida en EEUU está relacionado con el virus de la Hepatitis B y vacunación. Los expertos del coronavirus son los mismos que los del ébola, Sida y otras epidemias porcinas y aviares.

Profundizaremos como no solo las enfermedades, el 5G también, virus, bacterias y tóxicos diseminados en el ambiente hacen al ser humano enfermo y afectan sus funciones respiratorias, neurológicas hasta el más diminuto nivel celular y atómico rindiéndole vulnerable a muchas enfermedades...»

LA NACIÓN DEL CORONAVIRUS

AGRADECIMIENTOS:

¡Ave a todos aquellos valientes y puros de espíritu y corazón que luchan contra el nuevo orden mundial, aún inconscientemente y sin saber que en cada esquina y recóndito de su barrio, ciudad o país acecha este mal que poco a poco cederá a la luz de los hechos que se revelaran en años y décadas venideras!

... Quiero agradecer a Juan de la Cruz Díaz seguidor de tuiter que me animó a escribir este volumen, a Jordan Maxwell por colaborar; a mi amigo ya fallecido Lloyd Pye, una persona tan misteriosa como inteligente; y por último, mis más sinceras gracias a Ron Polito de New York, al difunto Anthony Hilder de Los Ángeles que hicieron ese primer documental fascinante sobre los Illuminati allá por los 90 y de ahí nació mi pasión por investigar más el fenómeno del por qué y cómo sociedades secretas poderosas controlan nuestro planeta.

LA NACIÓN DEL CORONAVIRUS

LA NACIÓN DEL CORONAVIRUS

CAPÍTULO I: ¿CÓMO EMPEZÓ TODO ESTO DE LOS VIRUSES?

«No existen más que dos reglas para escribir, tener que decir algo y decirlo.» **- Oscar Wilde.**

La gente en África está atrapada entre la espada y la pared; Se les dice que el ÉBOLA o el SIDA se esconden en todas las comunidades y amenazan la supervivencia de sus comunidades tribales. Por otro lado, se les ofrece VACUNACIONES GRATUITAS que han sido citadas en la literatura médica como contaminadas con el SIDA y otros virus asesinos desarrollados, en su mayoría, en laboratorios de BioWeapons. Una de las categorías más horribles de armas, utilizadas por el eje británico-israelí del pentágono, y hoy en día, también por los chinos. Es una colección de bombas de plagas y gases venenosos que contienen bacterias y virus peligrosos.

LA NACIÓN DEL CORONAVIRUS

A veces esto está combinado con la tecnología aerosol, capsulas de tungsteno o chemtrails, y representa una seria amenaza para la continuación de TODAS las formas de vida en el Planeta Tierra ...

Desecha todo lo que "te dijeron" por un momento, lo que "aprendiste en la escuela", lo que "escuchaste en la radio", lo que "viste en la televisión", lo que "los políticos o religiosos te dijeron", etc. . - solo por un instante. Deja de ser políticamente correcto. Vamos a empezar a pensar por nosotros mismos de ahora en adelante. No es muy frecuente que tengamos esa oportunidad. Nos alimentamos constantemente de propaganda, malas noticias, opiniones, mentiras, y hay toneladas de secretos no revelados. La vida es agitada;

Tenemos que ganarnos la vida, y tememos que nos despidan del trabajo. Nuestra supervivencia se ve amenazada a diario, y esta es la dirección en la que se piensa mucho en estos días. Entonces, ¿qué es lo que causa tanto miedo e incertidumbre en nuestras vidas? ¿Es la vida realmente tan desafiante, o alguien está creando esta condición a propósito? Gran parte del miedo y el terror se propagan a través de los medios de defecación masiva, que es propiedad de unas pocas personas en la cúspide de la pirámide de la sociedad. Y esas personas tienen su propia agenda. **La Élite** (o los globalistas, como prefieren llamarse a sí mismos hoy en día) es un grupo muy secreto de practicantes ocultistas que han existido durante muchos siglos.

LA NACIÓN DEL CORONAVIRUS

No es un club de niños o un grupo de padres adultos que intentan obtener algo de emoción en la vida; Esto es algo mucho más grande que eso. Esta es una organización muy bien estructurada que consiste en personajes en lugares extremadamente de poder. Estos personajes son los Súper Ricos, que están por encima de la ley. Muchos de ellos ni siquiera aparecen en la lista de las personas más ricas del mundo, y ese es su secreto.

La palabra **Illuminati** significa 1. Personas que dicen estar inusualmente iluminadas con respecto a un tema. 2. Illuminati Cualquiera de varios grupos reclamando la iluminación religiosa especial. Illmint latin, de pl. de illmintus, participio pasado de illminre, para iluminar. Véase iluminar. Estas definiciones se han prestado del diccionario anglo de *"The American Heritage Dictionary of the English Language"*.

Estos personajes son los mejores jugadores en el campo de juego internacional, básicamente pertenecen a las familias más ricas del mundo, no son capitalistas ni están por el mercado libre, y son los hombres y sobre todo en la cúspide mujeres que realmente gobiernan el mundo de entre bastidores (sí, son en su mayoría mujeres, con algunas excepciones, aunque los que dan la cara son los varones).

LA NACIÓN DEL CORONAVIRUS

Son lo que llaman la "*Nobleza Negra*", los **Tomadores de Decisiones**, que conforman las reglas que deben seguir los presidentes, los gobiernos, las religiones e incluso los jefes o CEO´s de grandes multinacionales como Google, Facebook o Voxmedia, y a menudo se los aparta del escrutinio público, ya que su acción no puede ser examinada. Sus linajes se remontan a miles y miles de años, y tienen mucho cuidado de mantener estos linajes puros de generación en generación. La única forma de hacerlo es mediante el casamiento y unión de estas familias.

Su poder está en lo oculto y en la economía: el dinero crea poder. Los Illuminati son dueños de todos los bancos internacionales, las empresas petroleras, las religiones organizadas, los medios de prensa, empresas más poderosas de la industria y el comercio, se infiltran en la política y son dueños de la mayoría de los gobiernos, o al menos los controlan.

Un ejemplo de esto son las elecciones europeas, estadounidenses, y las maquinas y sistemas software de recuento que poseen sea manual o electrónico, el cual también controlan. Es como una partida de "Bridge" más que de ajedrez y sus lobbies son muy influyentes. Quieren siempre un monopilio estatal, tipo socialismo y financian tanto lo público como lo privado. Es un secreto a voces que el candidato que obtiene el mayor patrocinio en forma de dinero gana la elección, ya que esto le da el poder de "destituir" al candidato opositor tanto en un como el otro lado del continente.

LA NACIÓN DEL CORONAVIRUS

Odian a los billonarios patriotas e independientes y que la gente del pueblo tenga poder de participación y decisión.

¿Cuáles son los objetivos de los Illuminati? Deben crear un gobierno mundial único y un nuevo orden mundial distópico supersocialista, con ellos en la parte superior de la pirámide para gobernar el mundo en la esclavitud y el fascismo (dos moviemientos de la izquierda pagana de principios de siglo pasado comandando por Giovanni Gentile- que son más modos de pensamiento o pensamiento único de lo politicamente correcto que partidos o grupos políticos de poder sometiendo a otros.

El gobierno de su Majestad la Reina de Inglaterra, se le ha pillado con las manos en la masa, vendiendo armas biológicas químicas mortales, por ejemplo, el Departamento de Comercio e Industria de su Majestad en 2013 le hizo un guiño a la aprobación para que las ARMAS QUÍMICAS con base de fluoruro sódico fueran fabricadas en el Reino Unido y enviadas a SYRIA.

LA NACIÓN DEL CORONAVIRUS

El doctor David Kelly, su ayudante y varios otros, entre ellos el ex secretario de Relaciones Exteriores Robin Cook, supuestamente fueron "suicidados" para mantener la verdad de quiénes son los principales productores de armas biológicas en el mundo. Los patógenos mortales fabricados por el Ministerio de Defensa de su Majestad en Porton Down, en el condado de Wiltshire, cerquita de donde vivo yo, en Swindon, son enviados a "naciones amigas" que compran BioWeapons (armas químicas) británicas.

Estas enfermedades mortales con el potencial de matar a millones de personas se envasan en frascos de poliestireno y vidrio y luego se envían a través de ¡FedEx! El ex ministro de Relaciones Exteriores de Irak confirmó que los Estados Unidos le dieron a Saddam Hussein muestras de la plaga bubónica. Eso también fue enviado usando FedEx con un gesto de aprobación de la Casa Blanca.

Las tan llamadas BioWeapons son miembros de la familia que denominamos *"Armas de Destrucción Masiva"*. Shakespeare dijo algo así como: "El mundo entero es un escenario y cada uno debe hacer su papel"... Y esas noticias aparecen en tu TV cada noche y están llenas de este 'escenario' y 'actores'... Es como una película enfermiza, diseñada para hipnotizarte, luego asustarte, y luego avivar los fuegos de tu odio latente para cualquier persona fuera de su 'zona de confort'...

LA NACIÓN DEL CORONAVIRUS

Muchos dictadores y régimes de títeres que desempeñan sus papeles en esta escena mundial falsa, sacrifican a soldados, marineros y pilotos sanos casi todos los días.

¿Entonces qué sucede? Bueno, cuando miramos lo que el Palacio de Buckingham y el Pentágono han estado tramando y haciendo con todas estas enfermedades mortales que reproducen en laboratorios, podemos ver que han sido deliberadamente producidas para el genocidio. Y seamos realistas, Agentes del BioWarfare, como el CoronaVirus, H1N1, SIDA y el ÉBOLA son mucho más económicos de usar que las armas convencionales.

¡De hecho, el secretario de Defensa de los Estados Unidos Donald Rumsfeld (que muchas personas dicen que proviene de una familia hebrea) ¡ayudó a Saddam Hussein a construir su arsenal de armas químicas y biológicas mortales! Todo esto ocurrió en el mismo momento en que se trazó el GENOMA HUMANO. ¿Por qué, exactamente se mapeó el genoma? Bueno, tal vez el Ministerio de Defensa del Palacio de Buckingham puede regar al mundo con virus mortales, y esto no preocupará a los "Elegidos" en el Palacio porque ya tienen los antídotos contra todas estas plagas y virus.

Esto es verdad y es posible... Las personas en control de todas estas armas mortales están jugando a un juego desagradable. Muchos de ellos también están dedicados a la idea de establecer una huella geográfica mucho más amplia para un Estado Orwelliano.

LA NACIÓN DEL CORONAVIRUS

Muchas de las principales armas del Pentágono y asesores de la Casa Blanca tienen aspiraciones "sionistas" y quieren ampliar el país, causando aún más pena para lo que denominan ellos "la masa sucia" o sea noostros... Por ejemplo, como embajador del presidente Reagan, por entonces Bush, y Donald Rumsfeld tuvieron una reunión con el dictador iraquí, Saddam Hussein, y entregaron una enorme ayuda militar para su guerra con Irán.

Esa guerra causó la renuncia de Martin Sixsmith, que era un funcionario del gobierno británico que se opuso a la guerra entre Irán e Irak, que estaba siendo teledirigida por escenarios en el Ministerio de Relaciones Exteriores de su Majestad en Londres. La dimisión de Martin Sixsmith demostró que Irán e Irak han estado bajo el control encubierto del Palacio de Buckingham durante casi 100 años. Armados hasta los dientes con armas de BioWarfare, estos dictadores suponen una amenaza masiva, no tanto porque tengan la capacidad de propagar PLAGA, sino porque su mera existencia hace que FedEx y UPS transmitan peligrosos patógenos en el correo; sólo un error en cualquier lugar del envío y a lo largo de la línea postal y todo el mundo podría ser aniquilado.

CAPÍTULO 2: EL OBJETIVO DEL JUEGO

«Coge en tus ojos alguna nueva infección y desaparecerá el veneno del mal antiguo.»
-**William Shakespeare**

El objetivo del Juego... es la despoblación del planeta, y permitir que la élite [bajo el control directo del Palacio de Buckingham] Dominio reclamado sobre todas estas naciones del planeta occidentales o no... Este dominio se está ganando en batallas usando armas biológicas desagradables que transportan horribles enfermedades infecciosas... Y se están criando en Porton Down en Wiltshire y en Fort Detrick en los Estados Unidos y ahora en China... La CIA ya había advertido que Irak estaba usando armas químicas casi a diario. Pero Rumsfeld, entonces un exitoso ejecutivo de la industria farmacéutica,

LA NACIÓN DEL CORONAVIRUS

todavía permitía a Saddam comprar suministros de ésta Súper Plaga de los proveedores americanos.

Estos virus asesinos como el ántrax, coronavirus y la peste bubónica fueron vendidos a Saddam Hussein con la bendición de los generales de 5 estrellas del Pentágono (algunos de los cuales provienen de familias de la elite) sí, ¿no es todo esto raro? Los detalles extraordinarios han salido a la luz porque miles de documentos del Departamento de Estado que tratan sobre la guerra Irán-Irak 1980-88 han sido desclasificados y liberados bajo la Ley de Libertad de Información. (Freedom Information Act).

Recientemente, un informe filtrado admitía que los EE.UU. habían manipulado mal ciertos patógenos peligrosos como la gripe porcina, el coronavirus, el ántrax o la gripe aviar H1N1... Sólo un error en el Centro para el Control y Prevención de Enfermedades (CDC) o en Porton Down, o en Fort Detrick podría matar toda la vida del planeta Tierra. Los CDC tomaron una muestra del virus de la gripe aviar y lo han contaminado con una versión altamente patógena que fue enviada a un laboratorio del departamento de agricultura.

El *"Laboratorio de Respuesta al Bioterrorismo"* de su majestad ha diseñado el ADN del ántrax y engendra bacterias vivas del botulismo que se utiliza en los cañones de agua para dispersar manifestaciones en varios países de Latinoamérica, china, el mundo árabe o africano y por varios regímenes dictatoriales que son amistosos con el palacio de Buckingham.

LA NACIÓN DEL CORONAVIRUS

En 2008 y 2009, el London Guardian Newspaper confirmó que durante la segunda guerra mundial, el gobierno de su Majestad estableció un enorme archivo de virus asesinos e invirtió el dinero de los contribuyentes en patógenos que no sólo podían matar a todos los humanos, sino también matar a todos los animales. El informe de

The Guardian dice: *"Los científicos británicos experimentaron con formas de propagación de la enfermedad de la fiebre porcina, e infecciones letales como la disentería, el cólera y la fiebre tifoidea en ensayos de guerra biológica secreta durante la segunda guerra mundial. Una extensa lista de los agentes contagiosos y las plagas que podrían convertirse en armas de destrucción en masa se revela en los archivos de un comité del Gabinete de Guerra liberado de los Archivos Nacionales. En el gobierno se supo que produjo 5 millones de tortitas llenas de ántrax para infectar el ganado en Alemania durante la guerra, pero los últimos documentos muestran que la investigación se llevó a cabo en una variedad mucho mayor de enfermedades, principalmente en Porton Down, cerca de Salisbury, y Pirbright en Surrey. Los expertos informaron al subcomité de Expertos Porton del Gabinete de Guerra, que reconoció que la "guerra bacteriológica" fue prohibida por el protocolo de Ginebra de 1925. Los minutos de esas reuniones secretas, sólo ahora liberados, están etiquetados como "secreto" y "para ser mantenidos bajo llave". Una sesión sobre la "Toxina X", que se piensa que es botulinum, era tan sensible que los registros minuciosos apuntan lo siguiente: "No se circuló".*

LA NACIÓN DEL CORONAVIRUS

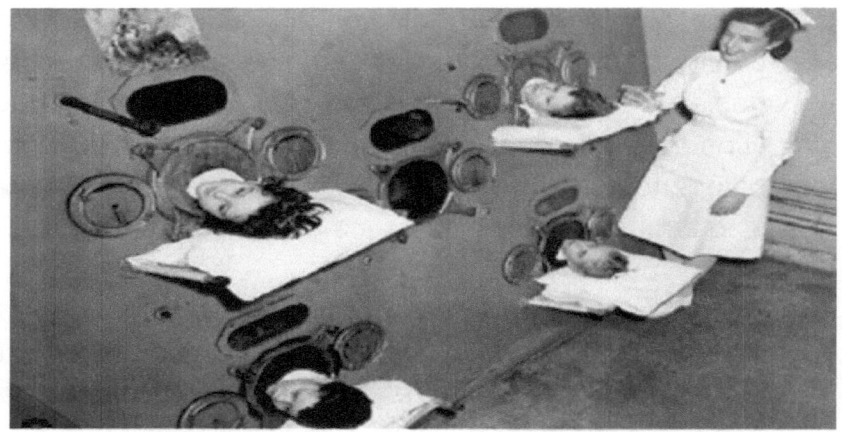

Se ha revelado recientemente que una cepa peligrosa de la bacteria Brucella se ha desarrollado para el ejército israelí. Hay también varias enfermedades acuáticas que Buckingham Palace desarrolla para asumir el control de todos los SUMINISTROS DE AGUA DULCE en el planeta.

Además, funcionarios estadounidenses han admitido que los viejos frascos de viruela dejados en una caja de cartón habían sido descubiertos por un científico gubernamental en un centro de investigación cerca de Washington, el error de la viruela había sido erradicado y debía haber sido destruida hace 20 años, Pero los señores de la guerra que trabajan en el Centro para el Control de Enfermedades-CDC votaron a favor de mantener vivo el patógeno de la viruela. El virus se localizó en 6 viales liofilizados y sellados que tenían suficiente potencia infecciosa para exterminar a todo el país de los EEUU.

LA NACIÓN DEL CORONAVIRUS

El Agente Naranja, del que se irrigaron vía chemtrail más de cuarenta millones de litros entre 1962 y 1970 desde aviones estadounidenses sobre los bosques de Vietnam era un poderoso herbicida compuesto por una mezcla de dos productos químicos: el 2,4,5-T y el 2,4-D. El primero de ellos provoca la aparición de minúsculas cantidades de dioxina conocida como TCDD, el veneno más tóxico de los elaborados por el hombre, que en tiempos de la guerra nadie se preocupó de depurar.

El defoliante destruía la foresta prácticamente en 24 horas, pero sus efectos iban a perpetuarse mucho más allá de que en esos terrenos no volviera a formarse una jungla. La operación de fumigación en Vietnam se denominó Popeye. En los primeros años de la posguerra se dieron la aparición de un número inusual de tumores raros de cáncer en las zonas donde se había irrigado con el herbicida.

LA NACIÓN DEL CORONAVIRUS

Paralelamente se dispararon los casos de bebés nacidos con malformaciones muy graves: cabezas enormes, brazos que eran muñones terminados en dos o tres dedos, bocas sin paladar, ojos ciegos, síndromes nerviosos, parálisis, etcétera. Y también se multiplicaron los inusuales nacimientos de siameses.

En muchos casos, los padres no habían padecido ni un dolor de cabeza, pero su ADN había sido dañado por la dioxina, un veneno del que basta un microgramo ingerido directamente para causar la muerte. Al mismo tiempo, miles de veteranos estadounidenses, australianos o neozelandeses también empezaron a sufrir a dolencias idénticas a los de sus antiguos enemigos. Y también tuvieron una tasa disparatada de nacimientos de niños con minusvalías, efectos coincidentes con los que se habían dado entre las víctimas del escape de dioxina en Seveso (Italia) en 1976.

LA NACIÓN DEL CORONAVIRUS

Más de 230.000 veteranos de guerra reclamaron indemnizaciones a siete compañías químicas productoras del Agente Naranja (una ley norteamericana prohíbe querellarse contra el Gobierno por acciones de guerra) y Víctor Yanacone, el abogado principal del consorcio de firmas que representaba a los veteranos, expuso ante los jueces una realidad incuestionable: durante la guerra las compañías Dow Chemical y Monsanto produjeron grandes cantidades del herbicida sin preocuparse por eliminar la dioxina; la Fuerza Aérea estaba pidiendo cantidad y no calidad.

Los ejecutivos de las compañías rechazaron cualquier conexión de su producto con el problema, que atribuyeron a causas psicológicas, el llamado síndrome Vietnam, que afectaba a miles de jóvenes que volvían derrotados y rechazados por su propia sociedad, hasta que el número de afectados fue tan alto que hizo absurdas sus alegaciones.

LA NACIÓN DEL CORONAVIRUS

La Via Campesina denounces Gates Foundation purchase of Monsanto Company shares

◯ 13 SEPTEMBER 2010   TRANSNATIONAL COMPANIES AND AGRIBUSINESS

Glendive, Montana. La Via Campesina (www.viacampesina.org), a global peasant movement representing small farmers, landless workers, fisherfolk, rural women, youth and indigenous peoples, with 150 member organizations from 70 countries on five continents, has denounced the Bill & Melinda Gates Foundation Trust's recent acquisition of Monsanto Company shares. The Bill & Melinda Gates Foundation was founded in 1994 by Microsoft founder William H. Gates, and today exerts a hegemonic influence on global agricultural development policy. The Foundation channels hundreds of millions of dollars into projects that encourage peasants and farmers to use Monsanto's genetically-engineered (GE) seed and agrochemicals. In August the Bill & Melinda Gates Foundation Trust, which manages the $33.5 billion asset trust endowment that funds the Foundation's philanthropic projects (and to which Bill & Melinda are trustees) disclosed that it purchased 500,000 shares of Monsanto shares for just over $23 million.(1)

According to Dena Hoff, a diversified family farmer in Glendive, Montana and North American coordinator of La Via Campesina, "The Bill & Melinda Gates Foundation Trust's purchase of Monsanto shares indicates that the Gates Foundation's interest in promoting the company's seed is less about philanthropy than about profit-making. The Foundation is helping to open new markets for Monsanto, which is already the largest seed company in the world."

¿De dónde viene esta tecnología de virus asesinos? Pues bien, Los protagonistas centrales de la historia de la guerra biológica en la actualidad son casi todas las corporaciones sionistas, o de propiedad de las compañías farmacéuticas, pero (y aquí hay un hecho extraño) algunos de los principales especialistas en BioWarfare fueron los antiguos oficiales NAZIS que perfeccionaron armas como el ántrax, la viruela y ¡el tifus sobre los presos judíos en Polonia!

Curiosamente la empresa Monsanto tiene muchas de estas patentes y Bill y Melinda Gates compraron 500 mil dólares en acciones de donaciones a su fundación con destino a acciones de Monsanto ganando mas de 23 millones de dólares

LA NACIÓN DEL CORONAVIRUS

Arriba foto, Eduardo de Inglaterra. Subvencionó muchas de estas armas en su época

¿Qué son las guerras epidémicas? Son guerras combatidas con bombas cargadas de atomizadores que rocían una región tan grande como 40 campos de fútbol, con sustancias que podrían infectar toda una región y eventualmente infectar a todos en la nación, con el objetivo de que sea una enfermedad mortal. También se llevan en aerosoles que caben en la palma de una mano, y pueden ser rociadas a varios humanos o animales en un mercado, estadio o aeropuerto llevando la epidemia a varios sitios del planeta.

LA NACIÓN DEL CORONAVIRUS

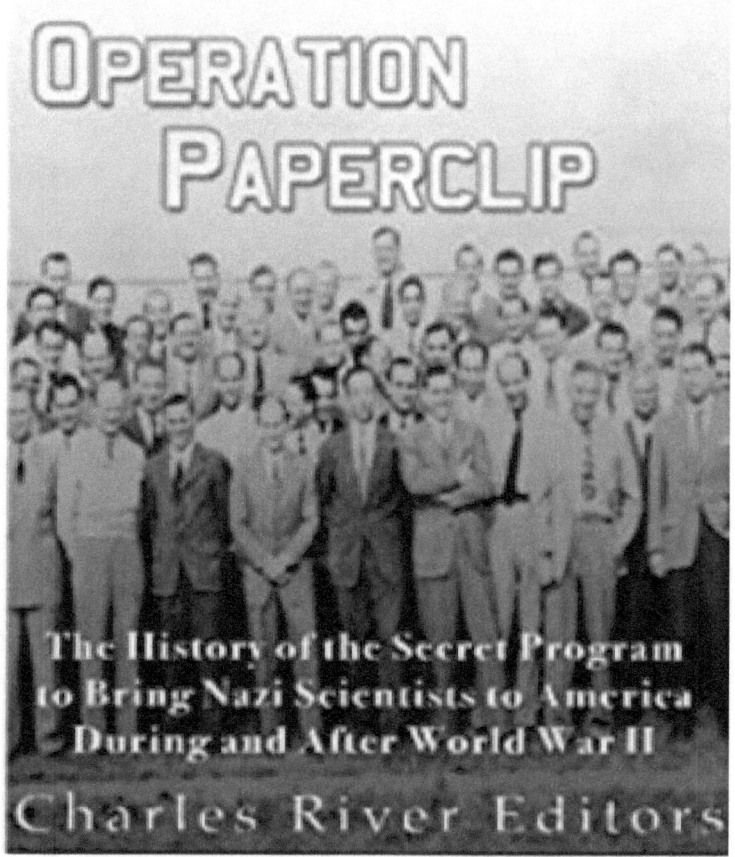

¡Estos médicos NAZI terminaron siendo empleados por las corporaciones farmacéuticas cuyos principales accionistas eran de la élite mundial! De 1945 a 1955 bajo el **Proyecto Paperclip** y sus proyectos sucesores, el gobierno de Estados Unidos reclutó a más de 1.600 científicos e ingenieros alemanes y austríacos en una variedad de campos, como el diseño de aviones, la tecnología de misiles y la guerra biológica.

LA NACIÓN DEL CORONAVIRUS

Walter Schreiber, Erich Traub y Kurt Blome, que habían estado involucrados en experimentos médicos con prisioneros en campos de concentración para probar agentes de guerra biológica, entre los especialistas de virus asesinos que terminaron trabajando en los Estados Unidos. Esto es Biowarfare en la forma de CHEMTRAILS sincronizados armamentísticamente hablando; o como se dice en inglés (weaponized chemtrails) significa que todos los edificios, la riqueza monetaria y mercantil en la nación objetivo se mantienen intactos después de la pulverización de patógenos asesinos, con una destrucción mínima y un costo mínimo en la conquista de esa nación objetivo.

La economía se derrumba poco a poco, deja desbordado, colapsado o deshabilitado su sistema de sanidad, militar y policía con la consiguiente crisis social y económica. Se emite bonos de deuda y moneda fiduciaria, beneficio de grandes bancos centrales y la élite, y se nacionalizan los servicios, con lo que las naciones o nación queda sumergida en una deuda de muchos años impagable o merced de las corporaciones transnacionales. A esto se le añade que la manufactura sufre sea un país fabricante y otros que dependen de el y sino lo es, esta destinado a un destino fatal.

LA NACIÓN DEL CORONAVIRUS

Este artículo de la BBC de su hemeroteca lee: "Hace más de 60 años, científicos nazis guiaron a sus pares en proyector pioneros de la carrera espacial en Estados Unidos. Estos inidviduos le dieron a EEUU una ventaja logística y científica tecnológica que no tendrían sus enemigos y que es líder hoy en día. ¿pero a qué precio?..."

LA NACIÓN DEL CORONAVIRUS

Sí, es verdad. Los ex oficiales del NAZI se convirtieron en figuras centrales de la NASA y el Pentágono. Algunos ex oficiales de la SS, como Werner Von Braun, estaban a cargo de presupuestos de cientos de millones de dólares.

¡Y se unieron a médicos de BioWarfare de familias elitistas en América! ¡Algunos de esos ex NAZIS habían torturado a judíos en experimentos médicos apenas unos años antes!

Una agenda oscura y malvada soldó su compromiso de trabajar juntos... un "Súper Virus" que podría matar todos los cultivos, animales y personas en el mundo. El 7 de octubre de 1951, el New York Times informó que el ex jefe NAZI, Walter Schreiber, estaba trabajando en la Escuela de Medicina de la Fuerza Aérea en la Base de Randolph en Texas.

Causó tal escándalo que el dinero de los contribuyentes estadounidenses ¡estaba siendo utilizado para dar a un NAZI una vida lujosa!

LA NACIÓN DEL CORONAVIRUS

Cuando el periodista Drew Pearson publicó la prueba de Schreiber en Nuremberg en 1952, que mostraba que había asignado a médicos para experimentar con los prisioneros del campo de concentración y había puesto fondos disponibles para dicha experimentación, la publicidad negativa llevó a la Joint Intelligence Objectives Agency "a darle una visa y un trabajo a Schreiber en Argentina, y mandarlo allí donde vivía su hija Elisabeth".

El 22 de mayo de 1952 fue trasladado a Buenos Aires. En Argentina trabajó en un laboratorio epidemiológico. Algunos relatos sugieren que se trasladó posteriormente a Paraguay y Alemania Occidental, mientras que otro afirma que murió en Italia en 1952. Es un hecho que en 1971 el Presidente Richard Nixon, como parte de su Guerra contra el Cáncer, combinó el departamento de BioWarfare del Ejército de EE.UU. en Fort Detrick, Maryland, con el Instituto Nacional del Cáncer. Los programas de ingeniería genética del ejército se coordinaron en programas de investigación contra el cáncer y biología molecular.

Este matrimonio también cementó los vínculos gubernamentales de la investigación del cáncer con la CIA, el CDC, la Organización Mundial de la Salud y la industria privada. Históricamente, Fort Detrick fue el centro del programa de armas biológicas de los Estados Unidos de 1943 a 1969. Desde la descontinuación de ese programa, ha acogido la mayoría de los elementos del programa de defensa biológica de los Estados Unidos.

LA NACIÓN DEL CORONAVIRUS

Durante este mismo período el Programa Especial de Cáncer de Virus (1968-1980), ahora ampliamente y convenientemente olvidado, se estableció para coordinar la búsqueda de virus causantes de cáncer. El programa de guerra biológica de Estados Unidos es altamente secreto. Este secreto también rodea a los muchos científicos que directa o indirectamente contribuyen al programa ¡y que la comunidad científica secreta incluye asesinos de la SS NAZI y élite!

No hay un registro completo de lo que este Programa de Cáncer de Virus ha logrado o qué agentes causantes de cáncer o virus inmunosupresores de cáncer de animales fueron adaptados para el uso de la guerra biológica y para pruebas militares encubiertas en las poblaciones humanas. Sólo podemos juzgar a estos hombres por los curiosos virus nunca antes vistos que han matado a 30 millones de africanos en 30 años.

Durante los últimos años, el campus de Fort Detrick de 1.200 acres (490 ha) ha apoyado a una comunidad multi-gubernamental que lleva a cabo investigación biomédica y desarrollo, manejo de materiales médicos, comunicaciones médicas globales y el estudio de patógenos de plantas extranjeras Cultivos Fort Detrick es el hogar del Instituto de Investigación Médica del Ejército de los Estados Unidos de Enfermedades Infecciosas (USAMRIID).

LA NACIÓN DEL CORONAVIRUS

También alberga el Instituto Nacional del Cáncer-Frederick (NCI-Frederick) y es el hogar de la Confederación Interagencial Nacional para la Investigación Biológica (NICBR) y el Campus Nacional Interdependencia Biodefensa (NIBC). Durante la Segunda Guerra Mundial, Fort Detrick y el USBWL se convirtieron en el sitio de la investigación biológica intensiva (BW) usando varios patógenos. Esta investigación fue supervisada originalmente por el ejecutivo de productos farmacéuticos George W. Merck y durante muchos años fue conducido por Ira L. Baldwin, profesor de bacteriología en la Universidad de Wisconsin. La compañía farmacéutica Merck es el fabricante líder mundial de vacunas...

En resumen, Porton Down en el Reino Unido y el arsenal de Fort Detrick de enfermedades pueden acabar con los cultivos y poblaciones enteras con un sencillo programa de incógnito llamado biowarfare.

En una declaración del ex Presidente del Banco Mundial, ex Secretario de Estado en Estados Unidos, quien ordenó bombardeos masivos contra Vietnam, y miembro del Programa Ampliado de Inmunización, Robert McNamara, hizo algunas observaciones muy interesantes. Como se informó en una publicación francesa, "j'ai tout compris", fue citado diciendo: "Hay que tomar medidas draconianas de reducción demográfica contra la voluntad de las poblaciones. La reducción de la tasa de natalidad ha resultado ser imposible o insuficiente. Debe por lo tanto aumentar la tasa de mortalidad.

LA NACIÓN DEL CORONAVIRUS

¿Cómo? Por medios naturales, la hambruna y la enfermedad." - Este es Robert McNamara diciéndonos sus maneras favoritas de cometer asesinato en masa. Arriba está una nota de bandera falsa escrita por un agente de la CIA o MI6. Se transmitió ampliamente - y luego el ántrax en el sobre se remontó al laboratorio de Fort Detrick BioWeapons.

Los especímenes de laboratorio de esporas de ántrax, virus de ébola, coronavirus y otros patógenos desaparecieron de la instalación de investigación de guerra biológica del Ejército a principios de los años noventa. Una investigación del Ejército de los EE. UU. De 1992 descubrió que alguien entraba secretamente en un laboratorio tarde por la noche para realizar investigaciones no autorizadas de ántrax.

Las cartas llenas de una forma extremadamente potente y altamente concentrada de polvo de ántrax fueron enviadas a varios políticos y funcionarios de los Estados Unidos. Fueron acusados de inmediato los musulmanes, las notas que acompañaban fueron transmitidas por todos los medios de comunicación estadounidenses (y europeos) repetidamente: claramente, aquellos que perpetraron este ataque se lo estaban imponiendo al Islam... Pero cuando la fuente del ántrax fue revelada como robo. Detrick MD, BioWeapons Laboratory y era evidente que Al Qaeda (o cualquier otro grupo militante islámico no podría haber obtenido este material), ¿adivinen qué?

LA NACIÓN DEL CORONAVIRUS

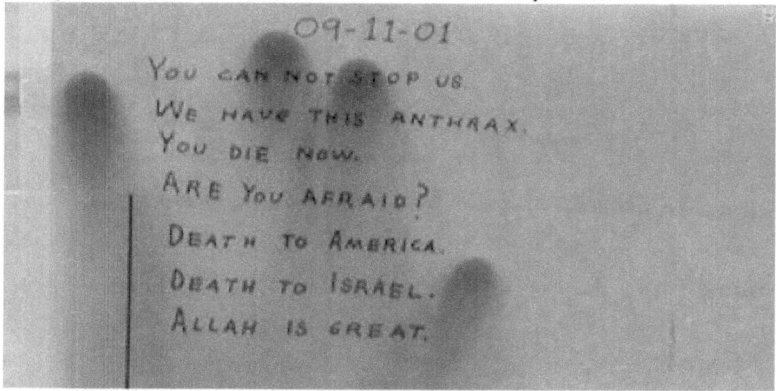

2A—Baltimore American   Sunday, July 15, 1962

Army Experiments With Super Germs

WASHINGTON, July 14—(UPI) —Forty Army scientists are working on a project that could add deadly super germs of types that do not exist in nature to the potential of biological warfare, it was learned today.

The scientists are at the Army's Biological Research Center at Fort Dietrich, Md., just outside Washington. They already have succeeded in producing bacteria with new combinations of hereditary characteristics.

IF THEIR RESEARCH bears fruit, a new and fearsome surprise element would be added to the potential of bacteriological war. A germ known only to its finders conceivably might wipe out populations before an antidote could be devised.

In the guarded language of an Army statement submitted to a House subcommittee on Defense Appropriations, the scientists they were "attempting to isolate mutants of bacteria...and studying the transduction (or transfer) of characteristics...", such as a

abajo carta de amenaza de Anthrax... quien sabe esto

La historia, hasta ese momento fue descrita por un comentarista como "todo es ántrax todo el tiempo" en el momento en que los musulmanes eran sospechosos, repentinamente se evaporó durante la noche como magia, la cobertura televisiva e informativa de los medios de comunicación corporativos estadounidenses, como un trozo de hielo seco en el Sahara. Nadie quería saber nada de ello.

LA NACIÓN DEL CORONAVIRUS

"El programa de investigación, que realiza en Sierra Leona, la República de Guinea y Liberia -que se dice que es el epicentro del brote de Ébola del 2014- tiene el propósito anunciado, entre otros, de detectar el uso futuro de la fiebre- Viruses como BioWeapons ...

"¿Es esto investigación puramente defensiva? O, como hemos visto en el pasado, ¿ésta investigación se está usando encubiertamente para desarrollar armas biológicas ofensivas?

-Blog de Jon Rappoport

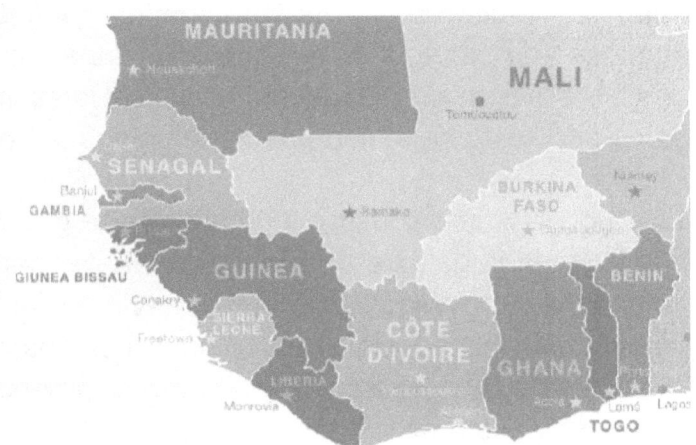

"El Palacio de Buckingham, que re-dibujó muchas fronteras y escribió en la Enciclopedia Británica, que la región debe ser llamada la <u>British West Africa Gambia Colonia y Protectorado</u>, zona llena de diamantes"

LA NACIÓN DEL CORONAVIRUS

Si le preguntas a Wikipedia de dónde proviene el SIDA, te dirá que la epidemia comenzó cuando los monos africanos transfirieron el virus HIV1 o HIV2- lo cual es falso, siendo un arma biológica de diferente genoma no revelado aún- a una persona mientras mataban animales silvestres para carne, o a través de una mordedura del animal. U otra teoría convencional dice ser, transferido cuando una persona africana estaba teniendo sexo con un mono.

Esto es muy parecido a la teoría del coronavirus y el mercado de Wuhan de carne los vampiros murciélagos y pangolines de esa índole. Los africanos, chinos y americanos llevan comiendo animales salvajes miles de años y nunca esto ha tenido que ver en ninguna epidemia.

Es como si yo me comiera a un alienígena gris y tuviera que estar toda la galaxia en cuarentena. Este "negocio de los monos o murciélagos" con el coronavirus o el SIDA -y realmente es un negocio (vale billones de dólares) - ha sido expuesto por virólogos y médicos americanos y africanos ya hace muchos años...

No hay ni una sola prueba de que de alguna manera, a miles de kilómetros de distancia, un mono con VIH hizo que los homosexuales en la Bahía de San Francisco cayeran de repente muertos de un nuevo virus misterioso que nadie nunca había oído hablar de él... Pero, eso es exactamente lo que sucedió.

LA NACIÓN DEL CORONAVIRUS

"Este SIV40 es el chimpancé equivalente al VIH humano y puede muy bien haber sido añadido accidental o deliberadamente a las vacunas ... ..."
-The Origin of HIV Aids - Channel 4

Los principales medios de comunicación nunca trataron de explicar cómo una "plaga" que afecta a los homosexuales en San Francisco podría haber sido causada de alguna manera por un mono en heterosexuales africanos y monógamos de una tribu remota de África. La BBC difundió las más perversas escenas callejeras de carne de animales silvestres que se secaban y se preparaban en las carnicerías, con la repugnante mentira de que los africanos eran los responsables del virus del SIDA que desensibilizaba totalmente a la población mundial.

Lo mismo han hecho hoy en día en las redes y en la tele con los chinos con escenas de animales exóticos siendo comprados para comida o hasta renacuajos-ancas de rana siendo comidos por chinos.

LA NACIÓN DEL CORONAVIRUS

¿No comemos a caso grillos, pulpo y ranas y sapos en Europa y América? Y no ha pasado de una ecoli o salmonelosis, pero no una plaga que de repente la gente cae de súbito por la calle.

Durante los primeros seis años de la epidemia del SIDA, la teoría del "mono verde" del SIDA fue ampliamente aceptada sin duda por los principales expertos y educadores del SIDA. La teoría de que "los africanos sucios que tienen relaciones sexuales con los monos" era tan universalmente popular que fácilmente se convirtió en realidad en la mente de los borregos...

Pero luego vino un documental emitido por Channel 4 Television en el Reino Unido que destrozó esta teoría - 'Monkey Business - la verdad sobre el SIDA'

Se sabe que los asíaticos trajeron la Peste bubónica o Negra , pero la Iglesia católica de aquella se dedicó a repartir mantas con la peste negra en España, Alemania, Italia y Francia infectando a millones de feligreses y sacerdotes con la Peste, para actuar e clarividentes y apocalipticos y ganar adeptos en ese tiempo... Cuando se descubrió la trama.. la gente empezó a protestar y escapar en masa de la Iglesia, fundando diversos movimientos protestantes. Esto fue uno de los catalizadores del nacimiento del movimiento protestante.

LA NACIÓN DEL CORONAVIRUS

"La BBC abrió nuevos caminos para permitir que un anuncio del SIDA se pasase en su canal de televisión sin anuncios en Londres. Y por supuesto, fiel a la forma, el Vaticano se embolsó una fortuna invirtiendo en CONDONES ..."

-El GUARDIAN 2017 sobre el Papa Francisco, Vaticano y la controversia de los soldados de Malta

LA NACIÓN DEL CORONAVIRUS

CAPÍTULO III: EL NACIMIENTO DE LOS VIRUS DE LABORATORIO

«Formamos una asociación de hermanos en todo el globo, aunque no nos pueden ver, ni sentir, nadie sabe ni puede decir donde estamos, esta sociedad es secreta hasta para nosotros mismos, los veteranos de las sociedades secretas»

-Giusseppe Mazzini

El virus del SIDA fue descubierto por Robert Gallo en el Instituto Nacional del Cáncer en abril de 1984. En 1983, el nombre real de "SIDA" entró en la Biblioteca Nacional de Medicina, como un cambio de su nombre anterior "GRID", O "La Inmunodeficiencia Relacionada a los Gays" que se había apoderado de la mente popular (el SIDA fue nombrado por un erudito judío llamado 'Behrman').

LA NACIÓN DEL CORONAVIRUS

Sin embargo, Luc Antoine Montagnier del Instituto Pasteur de París afirmó que él (y no Gallo) había descubierto por primera vez el virus del SIDA.

Luc Antoine Montagnier es un virólogo francés y receptor conjunto con Françoise Barré-Sinoussi y Harald zur Hausen del Premio Nobel de Fisiología y Medicina 2008 por su descubrimiento del virus de la inmunodeficiencia humana (VIH). Luc Antoine Montagnier trabaja como profesor a tiempo completo en la Universidad Jiao Tong de Shanghai en China - el hogar de la gripe aviar, SARS Y SI, ACERTASTE, DEL CORONAVIRUS... Un amargo pleito entre Luc Antoine Montagnier y Robert Gallo, MD estalló; ambos afirmaron haber descubierto el VIH.

La razón sólo puede ser que querían sacar provecho de las vacunas y tratamientos contra el SIDA / VIH que más tarde se pusieron en el mercado y supuestamente suspendieron la enfermedad... Su pleito fue finalmente resuelto por la intervención del primer ministro francés y el presidente Ronald Reagan. Fue una de las peleas de boxeo científicas más notorias: un autor premiado con el premio Pulitzer, John Crewdson, escribió un libro que nos muestra una visión en forma de buzón de túnel con ranura de lo que ocurre dentro de los laboratorios y las mentes de estos científicos. Ningún "problema secundario" ¡todo pasa por ser de la élite!

LA NACIÓN DEL CORONAVIRUS

Un hecho extraño, que nadie llamaría "coincidencia", es que todo virólogo, todo "descubridor" clínico del coronavirus, SIDA y ÉBOLA, todos los motores y agitadores del negocio de inmunología relacionados con el SIDA y Ébola, y cada periodista de noticias que valientemente va a los mercados de la carne de caza africana y nos dice que Ébola y el SIDA proceden de África, cada divulgador viral sobre el tema es de hecho judío... Eso es, y siempre ha sido el caso. En cada punto importante, en la historia de BioWarfare y el cultivo de patógenos que tienen el potencial de matar a todos los seres vivos en el planeta Tierra, es ser un vendido a la élite.

No me preguntes por qué esto es así - pero es la verdad, y no mencionar que es como ignorar un elefante sentado en su sofá comiendo Donuts... Una encuesta de 1990 de los afroamericanos en la ciudad de Nueva York demostró que el 30% cree que el SIDA es una biopelícula etno-específica diseñada en un laboratorio para matar a las personas de raza negra. Y no están equivocados. El libro 'Science Fictions; Un misterio científico, un encubrimiento masivo y el oscuro legado de Robert Gallo' (2002) es una buena lectura y muestra lo que las personas mentirosas y embusteras a veces reciben premios Nobeles por sus contribuciones a la ciencia.

LA NACIÓN DEL CORONAVIRUS

El Doctor Robert E. Willner se inyectó en público, en la rtve Canaria sangre de un sero-positivo para demostrar que no es necesario ingerir medicamentos especiales para eliminar el VIH. El Dr.Robert Willner se realizó las pruebas de VIH a su regreso a EE UU y dió negativo al test y declaró: "Si es necesario, pondré mi dedo con sangre contaminada por el VIH una y mil veces, hasta que esta estafa mortal y sus autores se detengan".

Pero no dice la verdad - y es que los virus del SIDA y ÉBOLA empezaron en el mismo lugar - los laboratorios de los creadores de BioWeapons.

Kary Mullis, Premio Nobel de Química en 1993, indica que no existe evidencia científica que lo demuestre. Walter Gilbert, Premio Nobel de Química en 1980 señaló que dada la falta de evidencias y la desprolijidad de quienes afirman que el VIH existe, no se sorprendería si el SIDA no es causado por un virus. Bárbara McClintock, que obtuvo el Nobel de Medicina en 1983, tampoco cree que el SIDA sea causado por el VIH. Por otra parte, Stanley B. Prusiner, quien descubrió los priones y Alfred G.Gilman, que determinó la actividad de la proteína g en las células, directamente acusan a Robert Gallo de inmoral.

LA NACIÓN DEL CORONAVIRUS

Haciendo referencia a los "aberrantes" métodos "no científicos" en la identificación del VIH como causante del SIDA. "El comportamiento de Gallo fue una temeridad intelectual y esencialmente inmoral", dictaminó Alfred G. Gilman. Gallo fue condenado por fraude cuando se comprobó que falsificó sus artículos de Science (Crewdson, 2002). Mikulas Popovic, el principal colaborador del laboratorio de Gallo en los artículos de Science de 1984, donde se presentó la macroestafa del sida, declaró a la comisión de la OSI (Oficina de Integridad Científica de EE UU) lo siguiente:

"Desde el principio de esta investigación, siento que he sido presumidamente culpable y forzado a probar mi inocencia. Había pensado que en este país, el proceso era el contrario. Peor todavía parece que la investigación nunca termina. En algunos momentos, el prolongado exilio del laboratorio destruirá mi capacidad para funcionar como un científico productivo. Semejante ostracismo no es nuevo para los checoslovacos, después de todo Franz Kafka vivía en Praga. Vine a este país para escapar de semejante injusticia. Por favor no probéis que estoy equivocado". (Crewdson, 2002, Science Fictions (Ficciones científicas), p. 409).

Su abogada, Barbara Mishkin, intentó filtrar, sin éxito, la teoría de que Popovic era una víctima de la ambición e influencia de Robert Gallo. No podía "abandonar el barco" (de la estafa), declaró sin pelos en la lengua. (B. Mishkin al OSI, Abril 2, 1991). Mientras tanto, Gallo dijo que tenían 50 virus VIH aislados, pero en los artículos de Science de 1984 de Popovic sólo se citaban 5.

LA NACIÓN DEL CORONAVIRUS

Cuando el experto Robin Weiss solicitó que le enviaran muestras jamás lo hicieron. Todo era mentira, no existían los 50 virus aislados (Crewdson, 2002: 148).

La evidencia muestra que el SIDA y el VIH fueron tratados, en principio como patógenos cuidadosamente diseñados provenientes de laboratorios militares, no de carne de caza. El Dr. Robert Gallo llamó por primera vez al virus VIH-SIDA el "virus de la leucemia / linfoma de las células T humanas", pero rápidamente cambió su nombre a "virus linfotrópico humano de células T-3 HTLV-3".

¿Por qué? Porque un doctor, Robert Strecker comenzó a exponer este rastro de mentiras, y los productores de documentales en África empezaron a reconstruir el rastro de evidencia, que condujo directamente a los laboratorios de BioWeapons en Maryland, en lugar de África... Se convirtió en conocimiento común en las comunidades científicas africanas [Censurado en Occidente] que la investigación del retrovirus estaba en el corazón del arsenal de pesadillas masivas de Bioasesino de Porton Down y Fort Detrick...

Alrededor de 1988, la producción fue inicializada en una cinta de video de 96 minutos por Robert B. Strecker MD PhD. (Ver la película Outbreak con Dustin Hoffman) Su video conferencia provee evidencia de que el patógeno del SIDA intentó ser una enfermedad artificial. Strecker dice en su película; "Más pruebas contra el virus procedente de los monos se encuentran en las opciones de codón del virus del SIDA, lo que significa que la información genética del virus del SIDA, conocida como opciones codón, no se encuentra en los monos.

LA NACIÓN DEL CORONAVIRUS

Que no se encuentran en el hombre, que en realidad existen en el virus visna y algunos otros virus de laboratorio [es decir, las enfermedades causadas por el hombre]. Robert B. Strecker M.D. PhD, desinformador o no, dio una conferencia muy interesante sobre cómo el Virus del SIDA fue predicho, solicitado, creado e introducido en la población humana a través de programas de inyección médica.

El Dr. Strecker no era un idiota. Practicó Medicina Interna y Gastroenterología en Los Ángeles como un patólogo entrenado, con un doctorado en Farmacología. Poco después de hacer este video, Robert B. Strecker M.D. PhD. Fue encontrado muerto... El Dr. Strecker y su hermano, el abogado Theodore A. Strecker, estaban haciendo una propuesta de mantenimiento de la salud para un banco (Security Pacific Bank) en California en 1983. Security Pacific Bank quería saber cuáles serían los efectos financieros a largo plazo.

En el negocio de la Organización de Mundial de la Salud (OMS), asegurando el tratamiento de los pacientes con SIDA. Los chinos le pagan unos 500 millones a la OMS y en 2017 pusieron a su director con sobornos. Debido a que esta información no estaba disponible en 1983, el Dr. Strecker y su hermano Ted Strecker comenzaron a investigar la literatura médica para aprender qué podían aprender sobre esta nueva enfermedad. La información que descubrieron desde el principio fue tan sorprendente para ellos, tan difícil de creer, que alteraría dramáticamente sus vidas y los conduciría en una búsqueda de cinco años que culminaría con la creación de ***"The Strecker Memorandum"***

LA NACIÓN DEL CORONAVIRUS

Justo en la literatura médica para que cualquiera leyera por sí mismos era, básicamente, la prueba de que el virus del SIDA y la pandemia fueron predichos hace años por un virólogo mundialmente famoso, entre otros. Encontraron que los mejores científicos que escribían en el Boletín de la Organización Mundial de la Salud estaban solicitando que se crearan virus similares al SIDA para estudiar los efectos en los seres humanos. De hecho, el Strecker desenterró miles de **documentos que apoyaban el origen artificial del SIDA.**

Las muestras de Gallo fueron suministradas por el verdadero descubridor del SIDA en París... la principal contribución de Gallo al Nuevo Orden Mundial es que identificó los procesos de cultivo de células T que permitieron a todo el mundo del comercio de armas satánico, desarrollar precursores de células T de retrovirus. La investigación de células T de Gallo abrió las puertas de la inundación para la investigación sobre virus que tienen el potencial de matar al sistema inmunológico y que podrían devastar poblaciones específicas como los negros de África Occidental...

Gallo, como creemos y debemos señalar, como tantos de los doctores que están atados al espectro de las armas de destrucción masiva (es un científico sionista), y, por lo tanto, está en las filas con sus compañeros Robert Oppenheimer y Edward Teller (Al lector se le recomienda nuestro libro ciencia illuminati y satanismo. Vol IV) El descubrimiento de Gallo permitió a los investigadores cultivar células T y estudiar los virus que las afectan.

LA NACIÓN DEL CORONAVIRUS

Y como el virus de la leucemia de células T humanas, o HTLV, el primer retrovirus identificado en seres humanos, que Bernard Poiesz, otro investigador post-doctoral en el laboratorio de Gallo, tuvo un papel clave en su aislamiento. El papel del HTLV en la leucemia fue aclarado cuando Kiyoshi Takatsuki y otros investigadores japoneses, desconcertados sobre un brote de una forma rara de leucemia. Posteriormente encontraron el mismo retrovirus independientemente, y ambos grupos mostraron HTLV como causa.

Gallo ha sido acusado públicamente de crear un "súper germen" usando el Virus Inmune de los Simios [monos] - y que o inadvertidamente o deliberadamente hizo un agente ofensivo de VIH usando fuentes de financiamiento vinculadas a los militares, mientras experimentaba con los chimpancés. El Mono Verde es una especie común usada para las pruebas de vacunas. La situación parece ser que los monos están oficialmente incluidos en la transmisión del SIDA, pero en lugar de que el SIDA se transmita a través de cortes, mordeduras o carne de animales silvestres, la evidencia sugiere que algunas primeras versiones de lo que puede ser el VIH fue deliberadamente elaborado y propagado en los stocks de vacunas.

LA NACIÓN DEL CORONAVIRUS

THE STRECKER MEMORANDUM

With no cure and no effective treatment in sight, by the year 2000 A.D. everyone in the U.S. will be infected with the AIDS. This video presents the chilling conclusion of 5 years of exhaustive research by Dr. Robert B. Strecker M.D., Ph.D.

This is the most controversial video you'll ever see. Dr. Robert Strecker refutes, with documented evidence, virtually everything the so-called experts and Government reports have told you about AIDS. He asserts in no uncertain terms that:

- AIDS is a MAN-MADE disease...
- AIDS is NOT a venereal disease...
- AIDS can be carried by mosquitos...
- Condoms will NOT prevent AIDS...
- There can never be a vaccine.

Although decades have passed and untold billions have been spent in research, CANCER is still with us, the second major cause of death in America.

The most dreaded fear that all oncologists (cancer doctors), virologists and immunologists live with is that some day CANCER in one form or another will become a contagious disease, transferable from one person to another.

Original Cover Design - Ash Sherwood
Graphics - Samson West
Cover Revision - Jeanette MacAdam

©1990 The Strecker Group - All Rights Reserved

DISTRIBUTED BY
EUROPEAN-AMERICAN
EVANGELISTIC CRUSADES

PO Box 166, Sheridan, CA 95681
916.944.3724 * 888.708.3232
www.eaec.org

AIDS has now made that fear a reality and if you think you're safe because you're not gay or promiscuous, or because you're not sexually active, then you had better watch this video very carefully, or even several times, until you fully understand what Dr. Strecker is telling you as he takes you step by step and shows you how this dreaded disease was actually:

- PREDICTED
- REQUESTED
- CREATED
- DEPLOYED

And now threatens the very existence of mankind because...

- IT WORKS!

Dr. Robert B. Strecker is a practicing Internist and Gastroenterologist. In addition, he holds a Ph.D in Pharmacology and is a trained Pathologist.

LA NACIÓN DEL CORONAVIRUS

MÁS MITOS DEL SIDA

a) La Transmisión sexual: Nunca nadie ha demostrado que el VIH se transmita por sexo, es una especulación de Gallo o basada en entrevistas mediáticas. Ho, creador de los cócteles de medicinas ha dicho que la transmisión sexual es ineficiente (Plos.Med.2005), lo mismo que siempre dijeron los disidentes como Duesberg.

b) Las cifras de África son falsificadas por la ONU, las hacen sin tests con un programa informático llamado "epimodel". Son un fraude para mantener el terror, es decir: EL NEGOCIO.

c) Inventaron que el porcentaje de contagio es de 1 cada 1000 relaciones sexuales, porque el VIH no se transmite por sexo. Los retrovirus humanos nunca fueron dañinos, como los espumosos, el 8 % de nuestro genoma son retrovirus naturales endógenos como el VIH que son necesarios, por ejemplo para formar la placenta (Sentís, 2002)

d) Nadie está en peligro de muerte por tener anticuerpos a no se sabe qué. ¿Si hay anticuerpos cómo se explica que el VIH o HIV mata las células T? La latencia es una invención para justificar que el VIH es inofensivo, luego esperan a que pase algo para adjudicarle la entelequia del sida. Sackoff (2005) hizo un estudio a presuntos muertos por sida y todos morían en realidad por otras enfermedades distintas a las 32 del sida - que siempre han existido- sobre todo de cáncer.

"Luc Antoine Montagnier trabaja como profesor a tiempo completo en la Universidad Jiao Tong de Shanghai en China - el hogar de la gripe aviar y SARS.- Este curioso virus sólo atacó al tipo asiático varón o hembra no caucásicos ..."

"El Dr. Montagnier, otro promotor del SIDA, tuvo que reconocer que en África los exámenes dan positivo por la malaria, y que el SIDA es causado por estrés oxidativo (malos hábitos). Montagnier señaló que ni hay ni habrá una pandemia en Europa"
(Tahi, 1996).

LA NACIÓN DEL CORONAVIRUS

El escándalo de los productos para hemofílicos fue un problema de salud muy grave a finales de 1970 hasta 1985. Estos productos provocaron un gran número de hemofílicos que fueron infectados supuestamente con el virus del VIH y de la hepatitis C. (apunto a que esta pudo ser una de las cepas iníciales de esa especie de SIDA artificial y no del inofensivo VIH natural en el cuerpo)

Las compañías que estuvieron involucradas en el caso fueron: Alpha Therapeutic Corporation, Rhône-Poulenc Rorer Inc. (que es una división de Rhône-Poulenc S.A.), Bayer y su división de laboratorios Cutter, Baxter International y su división Hyland Pharmaceutical.1 Se estima un rango de 6000 a 10 000 hemofílicos infectados con VIH en los Estados Unidos.

En España se calcula que unas 1.800 personas resultaron infectadas entre 1982 y 1995 con este virus de la hepatitis C y del supuesto "VIH" sea HTLV o SV40 el virus artificial del SIDA, claro, tras la utilización de hemoderivados con plasma sanguíneo infectado y por no realizarse las pruebas de testeo necesarias, produciendo la muerte de cientos de ellos.

En junio de 2007 se reabrió una causa por el fallecimiento de dos hermanos por hepatitis C, aunque también eran portadores del virus del sida. De las declaraciones se extrajo que las compañías farmacéuticas implicadas, especialmente Baxter, llegaron a acuerdos extrajudiciales por cantidades ínfimas de dinero.

LA NACIÓN DEL CORONAVIRUS

Los responsables de Hematología del Hospital Universitario de La Paz no comprobaron el estado de los derivados hematológicos que suministraban a sus pacientes. Y en el caso que nos ocupa estaban infectados por el virus del sida. Luego se supo que provenían de personas de baja fiabilidad (...).

Aunque lo más grave es que, tras saberse, no se destruyeron los stocks contaminados. José M. Ayllón, abogado de las víctimas. Luego, entre 1993 y 1994, unos jóvenes fueron nuevamente contaminados en el mismo hospital, esta vez por el virus de la hepatitis C.

Eso fue posible por medio de una orden de febrero de 1993 en la que se aprobaba el uso de hemoderivados sin control adecuado de calor, como indicaba la ley, hasta el 31 de diciembre de 1995, tampoco se prevenía una desactivación o destrucción de la carga vírica.

"...compañías farmacéuticas americanas mandan a Asia y España arma BioWarefare haciendo dumping ya que sabían que eran peligrosas en EEUU..."

LA NACIÓN DEL CORONAVIRUS

La multinacional firma Baxter, principal responsable de los contagios en España por medio de su medicamento Hemofil, otorgó 24 millones de euros a las 1.350 familias de hemofílicos fallecidos (un 96 % del total) como compensación para no ser demandados. Y también existe la acusación contra la Federación Española de Hemofilia (FadHemo) como vehículo para canalizar esa compensación a los enfermos, hecho que es negado por su ex vicepresidente.

La compañía Baxter emitió un comunicado a las otras compañías implicadas que no habían ofrecido compensaciones monetarias: Grifols, Landerland y Cutter de Bayer para que se unieran. Finalmente, el abogado Michael Repiso, quién era el que encabezaba la causa de los infectados de FadHemo, anunció la cifra para cada infectado (vivo o muerto) en 18.030 euros, obteniendo con esta negociación el 33 % valuado en 8.113.600 euros en total. El 96 % de los demandantes rubricó el acuerdo, sólo el 4 % se negó a firmar. En octubre de 1999 se reconoció a los padres de una de las víctimas por medio de la Audiencia Nacional, una compensación por la suma de 150.000 euros, obligando a Insalud a pagar por los daños morales producidos a la familia, pero Insalud recurrió la sentencia. Por ello, la causa recayó en la Audiencia Provincial de Madrid.

LA NACIÓN DEL CORONAVIRUS

Gallo es el principal responsable de decirle a todo el planeta que el virus racista del SIDA fue causado por el contacto de los monos con los seres humanos en África. Así lo indicó en numerosas entrevistas a la televisión y en sus libros... Sin embargo, el doctor Robert Gallo fue refutado por Ann Giudici Fettner, una periodista autónoma que había vivido en África. En el libro de Gallo Virus Hunting [1991], afirma que Ann Fettner le dijo que el virus provenía de 'monos verdes'.

El libro de 1984 de Fettner, The Truth About AIDS, dice que nunca mencionó monos verdes a Gallo y en la página 44, afirma; "El SIDA comenzó como una enfermedad americana". El 11 de mayo de 1987, el London Times publicó un explosivo artículo titulado "La vacuna contra la viruela desencadenó el virus del SIDA". La historia sugirió que el programa de erradicación de la viruela patrocinado por la OMS era responsable de desencadenar el SIDA en África. Casi 100 millones de africanos que viven en África central fueron inoculados por la Organización Mundial de la Salud. La vacuna se consideró responsable de despertar una infección "inactiva" del virus del SIDA en el continente. Fue la segunda acusación tan importante contra la Autoridad Mundial de la Salud - tanto que las vacunas contra la viruela y la polio han sido acusadas de causar el SIDA...

LA NACIÓN DEL CORONAVIRUS

Un asesor de la OMS admitió: "Ahora creo que la vacuna contra la viruela es la explicación de la explosión del SIDA [en África]". Robert Gallo, MD sorprendentemente dijo al periódico The Times: *"El vínculo entre el programa de la OMS y la epidemia es una hipótesis interesante e importante. No puedo decir lo que realmente sucedió, pero he estado diciendo desde hace algunos años que el uso de vacunas vivas, como el utilizado para la viruela, puede activar una enfermedad latente"*

En una reimpresión ampliamente difundida de su charla titulada "la OMS Asesinó África", acusó a la organización de alentar a virologistas y biólogos moleculares a trabajar con virus animales mortales en un intento de hacer un virus híbrido inmunosupresor que sería mortal para los seres humanos. Del Boletín de la Organización Mundial de la Salud (Tomo 47, pág. 259, 1972) citó un pasaje que decía: "Se debe intentar ver si los virus pueden ejercer efectos selectivos sobre la función inmune.

Se debe estudiar la posibilidad de que la respuesta inmune al propio virus pueda verse afectada si el virus infectante daña más o menos selectivamente a la célula que responde al virus". Según Douglas," Eso es el SIDA. Lo que la OMS está diciendo en inglés es "Vamos a cocinar un virus que destruye selectivamente el sistema de células T del hombre, una deficiencia inmune adquirida".

LA NACIÓN DEL CORONAVIRUS

El Dr. Gallo afirmó que "se necesita una gran dosis" para infectarse con el SIDA y que había pocas pruebas de que las mujeres pudieran transmitir el virus de manera eficiente. Playboy es publicado por el empresario judío Hugh Heffner, que es un primo lejano de la familia Bush, y también se relaciona con John Kerry [cuyo apellido real es "Kohn"]... De hecho, varios periodistas, incluyendo al doctor Alan Cantwell Jr., MD ha postulado que Gallo no es un inocente coleccionista de mariposas, Gallo nunca ha admitido ninguna asociación con el programa militar de BioWarfare...

Gallo menciona brevemente en su libro las llamadas ideas conspiratorias sobre el origen del SIDA, como la creación deliberada de un virus por el gobierno estadounidense para la guerra de gérmenes, la creación accidental de un virus por parte de los rusos, Y "un nuevo agente creado por la mezcla de virus animales por científicos incompetentes". Sin embargo, él descarta todo esto como una "colección barroca de ideas." Escribiendo en el Boletín de Acción encubierta (Invierno, 1991), Richard Hatch afirma que Gallo fue un proyecto oficial de *"un programa masivo de inoculación de virus que comenzó en 1962 y funcionó hasta por lo menos 1976, y utilizó más de 2000 monos. A los monos se les inyectó todo, desde tejidos de cáncer humano hasta virus raros e incluso sangre de oveja, en un esfuerzo por encontrar un cáncer transmisible. Muchos de estos monos sucumbieron a la inmunosupresión con el virus Mason- Pfizer, el primer retrovirus inmunosupresor conocido, una clase de virus que incluye el virus del SIDA".*

LA NACIÓN DEL CORONAVIRUS

Los veterinarios son las personas con las que tienes que hablar si quieres saber más sobre los retroviruses y coronavirus que vienen de animales como el murciélago, pangolín, armadillo y culebras.

Las infecciones retrovirales ocurren en el reino ANIMAL, y hasta que el SIDA apareció milagrosamente, la infección retroviral era poco conocida en el reino humano. En un testimonio presentado a la Cámara de Representantes el 1 de julio de 1969, los expertos en bioguerras del gobierno de Estados Unidos pronosticaron que un "súper-germen" genéticamente manipulado y altamente fatal podría desarrollarse dentro de una década que sería capaz de destruir el sistema inmunológico humano. La investigación propuesta se llevaría a cabo en las más prestigiosas instituciones médicas y laboratorios, y estaría velada en total secreto...

LA NACIÓN DEL CORONAVIRUS

"No me sorprendería que el SIDA, tuviera una causa diferente a la oficial, e incluso que el VIH no estuviera involucrado". Esta frase fue pronunciada por Walter Gilbert, ganador del premio nobel de química en 1980: a la revista Omni en 1993..."

"Duesberg tiene toda la razón al afirmar que no se ha probado que el SIDA este causado por el virus VIH, y es absolutamente correcto decir que el virus cultivado en el laboratorio puede no ser la causa del SIDA"

-realizada en una entrevista a la revista Hippocrates en septiembre de 1988.

LA NACIÓN DEL CORONAVIRUS

Pero un aspecto interesante y en gran parte pasó por alto a la estafa del SIDA es que se asemeja a algunas formas de cáncer. Se cree que el cáncer no es contagioso, pero ahora podemos ver que se ha producido una fusión de patógenos del tipo influenza y agentes de leucemia. El ÉBOLA es, básicamente, una enfermedad de hemorragia, que comienza con los ojos sangrando desde el interior y el SIDA destruye el sistema inmunológico para que los enfermos mueran de mal funcionamiento bronquial y las enfermedades de tipo normal sobre contagios cotidianos de todos los días.

Los coronavirus que se conocen desde los años 60 también afectan a la tráquea , bronquios y pulmón, la diferencia, que el coronavirus se transmiten por el aire mientras que el SIDA y EBOLA deben ser inyectados, este ultimo se muere una vez muera el paciente, el coronavirus sigue existiendo en el fallecido y se puede infectar en una necropsia... El SIDA es una especie de cáncer de cuerpo fluido contagioso, mientras que el Ébola es un enfermedad hemorrágica transmitida por el aire...

Dos tipos de vacunas, uno para la viruela y otro para la polio, han sido citados en la literatura mundial como posible desencadenante de la enfermedad del VIH o SIDA en las poblaciones africanas desde finales de los años 1950. En los años siguientes, 90 millones de estadounidenses fueron vacunados en la mayor campaña de vacunación masiva de la historia.

LA NACIÓN DEL CORONAVIRUS

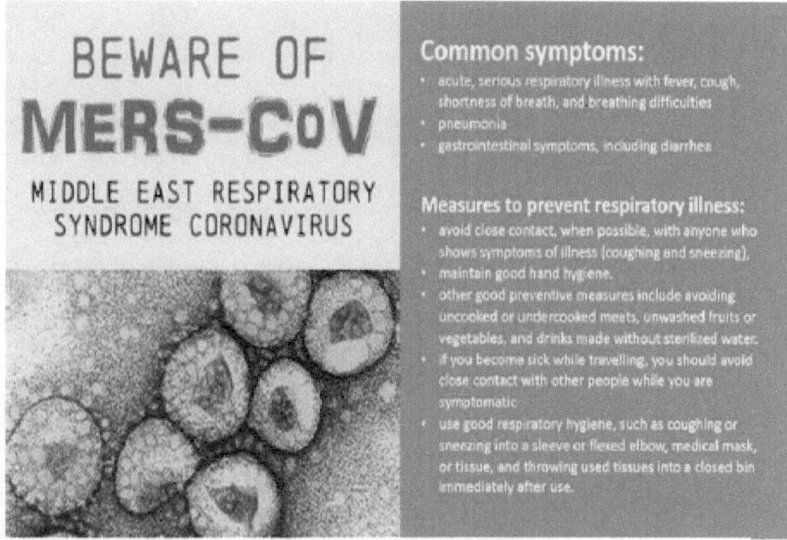

"si pensabas que el SIDA y EBOLA eran malos - entonces ¿qué hay del curioso virus MERS-COV? ¡Este virus curiosamente sólo afecta a los musulmanes que tienen petróleo!"

La polio virtualmente desapareció del continente y Jonas Salk se convirtió en un héroe. Luego, no mucho después, 260 niños que fueron vacunados con la vacuna de Salk se enfermaron. 11 de ellos murieron. Una investigación sobre el escándalo mostró que algunos lotes de la vacuna eran defectuosos y la confianza en ella se fue al traste.

LA NACIÓN DEL CORONAVIRUS

> **Hilary Koprowski** (Varsovia, Polonia, 5 de diciembre de 1916 - Filadelfia, USA, 11 de abril de 2013) fue un virólogo e inmunólogo, inventor de la primera vacuna efectiva contra la poliomielitis. Para ésta utilizó la administración oral del virus del polio atenuado.
>
> Según recientes teorías de conspiración como la de Edward Hooper, Koprowski involuntariamente habría transferido el virus de inmunodeficiencia humana a partir de las pruebas realizadas con la vacuna CHATT (amplificada en riñones de monos africanos) a finales de los años 50 en el Congo Belga. (Véase hipótesis VOP-SIDA)

"Koprowski trasladó su estudio al Congo belga en África - una de las áreas más ricas de la minería del diamante."

"Sabin analizó la vacuna de Koprowski en 1958 y encontró que era "inestable y contaminada por un virus desconocido". Le contó a Koprowski su descubrimiento y luego se hizo público con sus hallazgos, acabando así con la reputación de sus colegas."

"En 1992, la revista Rolling Stone publicó una historia que discutía la vacuna oral contra la polio (OPV) de Koprowski como una posible fuente del SIDA Koprowski demandó a Rolling Stone y al autor del artículo, y la revista aún así nunca se llegaron a retractar"

LA NACIÓN DEL CORONAVIRUS

Aparte de las pruebas de las vacunas contra la viruela y la polio que desencadenaron los síntomas del SIDA en África durante los años sesenta y setenta, el único otro lugar donde se estableció el SIDA fue Estados Unidos. Los círculos de arte y vanguardia en Nueva York y San Francisco fueron los primeros en caer muertos en la década de 1980, seguidos por varios políticos...

¿Por qué el SIDA mató a celebridades de Hollywood como Rock Hudson y los gays de San Francisco en primer lugar? ¿Cómo entró el SIDA en el torrente sanguíneo colectivo de los círculos sociales y políticos de Estados Unidos en el norte de California? La explicación más probable es que alguien que interactúa y se frota hombros con celebridades y científicos de armas biológicas de alguna manera permitió que el SIDA se escapara al dominio público.

LA NACIÓN DEL CORONAVIRUS

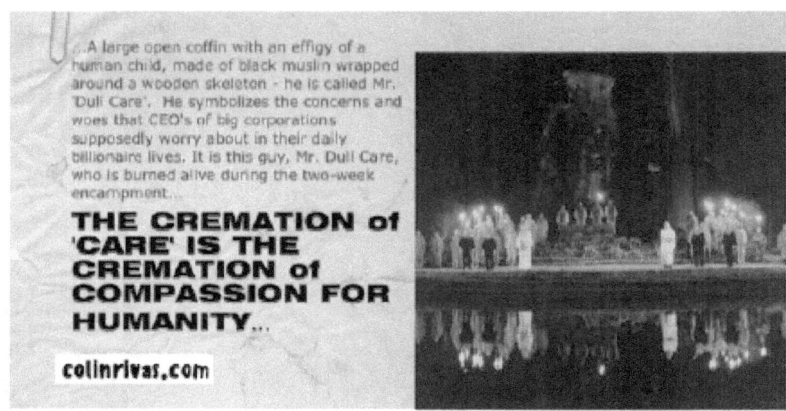

Debe haber sucedido donde celebridades pasaban el rato. Varios políticos murieron de SIDA también, así que debemos mirar a los lugares donde las celebridades se frotan los hombros con la gente del ejército y del gobierno... En alguna parte en la vecindad de San Francisco... Esto señala a un lugar y un lugar sólo: El Bohemian Grove. El Club Bohemio de la Costa Oeste en San Francisco tiene miembros que son de la casta Real, Políticos, Científicos y celebridades / músicos gay-bitransexuales.

Casi todos los miembros son ricos, y hay testimonios ilimitados de los vecinos locales que las prostitutas se envían dentro y fuera del recinto de retiro del Bohemian Club cerca del bosque de Sequoias que rodea el famoso río ruso cada verano. Los notorios campamentos políticos de verano de los swingers organizados por este aristocrático club de clase media alta, que tiene una cuota de afiliación de $20.000 dólares, quizás hayan sido la primera zona de propagación del virus del SIDA en el norte de California.

LA NACIÓN DEL CORONAVIRUS

Las localizaciones de las primeras víctimas de Hollywood y políticos del SIDA combinan la arboleda bohemia geográfica y demográfica.

¡Sí! esto es evidencia circunstancial, pero en realidad no hay otra opción. Si alguna clase de contaminación del SIDA ocurrió en el concurso anual soto de Bohemia llamado **CREMATION OF CARE**, entonces se podría explicar cómo cuatro congresistas y altos políticos (todos con vínculos con los Bohemios) murieron en rápida sucesión de SIDA. En una elite bi / homo / transexual como en la del Bohemian Grove, un virus transmitido como el SIDA a través de fluidos corporales tendría un efecto profundo y devastador en la comunidad de la Élite, y eso es exactamente lo que pasó.

Bajo la sombra del gigante La estatua del búho, la política de clase alta bi / homosexual y las celebridades de Hollywood murieron como moscas... CEOs y políticos y actores de Hollywood murieron de SIDA en un corto período de tiempo... Y de repente una enfermedad destinada y diseñada para borrar africanos en los campos de diamantes, De repente se esparció como la pólvora a través del circuito de celebridades de California... Actores de Hollywood, muchos cantantes, incluyendo a Fredy Mercury, y algunos políticos que habían estado en el Bohemian Grove, o sabían que los asistentes comenzaban a caer muertos como chinches en los años 1980 y 1990... Una grabación encubierta de la Casa Blanca de Richard Nixon se le oye discutiendo la Epidemia del SIDA en el Bosque de Bohemia...

LA NACIÓN DEL CORONAVIRUS

CAPÍTULO IV: LOS SALARIOS DE LA MUERTE

«Cualquier virus que pueda matar es potencialmente un gran "chollo", y puede ser armado y vendido al Pentágono o cualquier nación militarizada ...» **-Colin Rivas**

Los médicos de los "centros de investigación de enfermedades" en Congo, Liberia y otras naciones africanas están detrás grandes cantidades de dinero, literalmente, se denominan los **Salarios de la Muerte**.

Nuestra investigación ha identificado al doctor Preston A. Marx, Ph.D. el cual es Profesor de Medicina Tropical en la Escuela Tulane de Salud Pública y Medicina Tropical. Él también ha servido como científico para el centro de investigación acertadamente llamado Aaron Diamond AIDS Research Center...

LA NACIÓN DEL CORONAVIRUS

Es en el Centro Nacional de Investigación de Primates de Tulane, con sede en 18703 Three Rivers Road, Covington, LA 70433, (Luisiana) en donde algunas de nuestras fuentes han alegado que la primera "fuga" del SIDA ocurrió allí, y que se trataba de un patógeno manipulado que está estrechamente relacionado con las armas biológicas desarrolladas en Fort Detrick en Maryland. La razón por la que Maryland ha entrado en nuestra investigación es porque los virólogos de Ghana primero nos informaron acerca de los biopatógenos del SIDA y ÉBOLA que están siendo diseñados en esta instalación del Pentágono al igual que el SARS y el CORONAVIRUS.

También es importante indicar que muchos de los médicos involucrados con los brotes de SIDA están ahora desfilando por la televisión hablando del coronavirus... ¿Podría ser posible, ya sea intencionalmente o no, un colega de, o tal vez él mismo, el doctor Preston A. Marx pudo haber filtrado el contaminante del SIDA y otros virus? Francamente, esta es una pregunta legítima y prudente.

En 1992, como Director del Centro de Primates de Nuevo México, el Dr. Marx supervisó el diseño y construcción de una instalación de chimpancés de 10 $ millones que incluía 24 áreas al aire libre para chimpancés infectados con el VIH. El Dr. Marx y su equipo han tenido acceso a todas las materias primas y equipos para diseñar el SIDA o, al menos, cultivarlo dentro de una comunidad cerrada privada, durante muchos años.

LA NACIÓN DEL CORONAVIRUS

Las principales áreas de investigación del Dr. Marx son los modelos de virus de inmunodeficiencia simiesca para la patogénesis del SIDA y el desarrollo de vacunas. El laboratorio del Dr. Marx utiliza el modelo animal SIV / macaco para entender la transmisión de la mucosa del VIH, la patogénesis y para probar las vacunas candidatas. En otras palabras, su equipo infecta deliberadamente a los primates con el SIDA y otros patógenos y luego prueba las vacunas...

En un informe de VICE NEWS producido en junio de 2014 justo al comienzo de la estafa del ÉBOLA, que el Dr. Marx aparece siendo entrevistado en un centro de investigación científica en Liberia... Él dice en cámara más o menos en la misma "línea" que el doctor Robert Gallo, que el contacto con los monos es la causa principal de ÉBOLA. Queremos aclarar aquí que no estamos acusando al Dr. Marx de matar a la gente en masa con el virus de la inmunodeficiencia Simia [que es similar al VIH1 y al VIH2].

Lo que digo es que el ataque a las células T que son la piedra angular de nuestro sistema inmunológico está en el corazón de un programa de investigación de armas biológicas que se le han escapado de las manos, alguien, en algún lugar, obviamente ha desencadenado un plan para crear una crisis del Ébola en los países ricos en diamantes de África Occidental y ahora China ha hecho lo mismo pero para con los países occidentales y someterlos a su voluntad de dependencia en la manufactura china...

LA NACIÓN DEL CORONAVIRUS

Cuando se compara los brotes de SIDA de la Costa Este y de la Costa Oeste de los Estados Unidos con la línea de tiempo de la carrera del doctor Marx, uno tiene que concluir que él estaba allí, con laboratorios y monos y equipo para crear patógenos, tanto en Nueva York como en California justo cuando el SIDA comenzó a sesgar las vidas de esas comunidades de la costa americana.

Por ejemplo, el Dr. Marx fue el Director de Virología e Inmunología en el Centro Regional de Investigación de Primates de California entre 1983 y 1990, también fue Profesor en el Centro Médico de la Universidad de Nueva York de 1994-1998. Para 1981, el SIDA ya había sido propagado por los residentes de San Francisco. Ken Horne en un artículo del New York Times lleva el titular: "Cáncer raro visto en 41 homosexuales". El artículo describe casos de sarcoma de Kaposi encontrados en cuarenta y un hombres gays en la ciudad de Nueva York y San Francisco.

Horwitz sintetizó un compuesto que iba a ser conocido como zidovudina (AZT), un medicamento antiviral usado para tratar a pacientes con VIH, y Horwitz también fue el primero en sintetizar estavudina (d4T) y zalcitabina (ddC) - otros dos inhibidores de la transcriptasa inversa utilizados en el tratamiento de los pacientes con SIDA. Con millones de dosis vendidas por el todopoderoso dólar, parece que el pueblo Israelita se ha beneficiado mucho de las estafas Ébola y SIDA. El doctor Alan Cantwell, Jr., M.D. es el investigador principal que expone los orígenes artificiales del Ébola y del SIDA.

LA NACIÓN DEL CORONAVIRUS

Está seguro de que el SIDA se desencadenó como resultado de los programas de inoculación de vacunas en los Estados Unidos. Escribe "... A principios del otoño de 1978 (alrededor de la época en que el VIH fue" introducido "en la comunidad gay), miles de homosexuales fueron inyectados en la ciudad de Nueva York como parte del programa experimental de vacunas contra la hepatitis B. En 1979, Casos de SIDA aparecieron en Manhattan..."

"Durante los años 1980-1981, se realizaron experimentos similares de vacunación gay en Los Ángeles, San Francisco, Denver, Chicago y St. Louis. En el otoño de 1980 el primer caso de SIDA de la Costa Oeste apareció en un joven Gay de San Francisco". Antes de estos experimentos homosexuales, los científicos afirman que no había muestras de sangre almacenadas en los Estados Unidos que resultaran positivas para el VIH.

Sin embargo, de acuerdo con un nuevo libro (de nivel 4: los cazadores de virus de los CDC) por Joseph McCormick, ex jefe del legendario laboratorio de "zona caliente" de los CDC, había cientos de viales de suero africano en los Estados Unidos que habían sido enviados a la CDC (y presumiblemente también a los laboratorios de BioWarfare) para fines de investigación en 1976. Estos especímenes fueron recogidos de Zairianos expuestos al misterioso brote de virus Ébola africano.

LA NACIÓN DEL CORONAVIRUS

Años más tarde, algunos de estos especímenes de sangre resultaron positivos para el VIH; ¡Y el VIH se cultivó de una muestra de suero! Así, dos años antes de que comenzaran los experimentos homosexuales, la sangre africana infectada por el VIH estaba en manos de científicos de biología e investigadores del cáncer. Mc Cormick dice:

"Estas muestras de sangre africana contaminadas con VIH se alojaron en laboratorios de "zona caliente" y se usaron para experimentación con animales y se sembraron en cultivos celulares de tejidos. Es concebible que estos productos infectados con VIH pudieran haber contaminado chimpancés y otros animales de laboratorio, Células de tejido de riñón de mono, utilizadas en el desarrollo y fabricación de la vacuna contra la hepatitis B y la viruela".

Una investigación polémica sugiere que, contrariamente a los libros de historia, la "Peste Negra" que devastó la Europa medieval no fue la plaga bubónica, sino más bien un virus similar al Ébola. Los libros de historia nos han enseñado durante mucho tiempo sobre la Peste Negra, que exterminó a un cuarto de la población europea en la Edad Media, fue causada por la peste bubónica, propagada por las pulgas infectadas que vivían en ratas negras. Pero una nueva investigación en Inglaterra sugiere que el asesino fue en realidad un virus como el Ébola transmitido directamente de persona a persona.

LA NACIÓN DEL CORONAVIRUS

Y curiosamente la Peste Negra vino de Asia, al igual que la gripe española en 1917 vino de China. Los trabajadores chinos la trajeron a través de Canadá. Se llamó "Española" porque los primeros en informar fueron españoles.

A diferencia de la peste bubónica, una enfermedad bacteriana que todavía existe en partes de Asia, India y América del Norte, las enfermedades virales se transmiten de persona a persona, por lo general por la respiración o el tacto, como el coronavirus SARS y MERS o el COVID 19 que incluso va por el aire hasta 3 metros durante 30 minutos.

Duncan y Scott comparan los signos y síntomas de la Peste con los virus modernos como la gripe española, el virus del Nilo Occidental y, muy de cerca, el Ébola y el SARS cov. Las descripciones medievales de la peste parecen la fiebre hemorrágica causada por un virus tipo Ébola, dicen los autores. Tal fiebre afecta rápidamente y hace que los vasos sanguíneos estallen por debajo de la piel, sacando vetas, similar a lo que los textos médicos británicos de la Edad Media describen como **"las señales de Dios"**.

LA NACIÓN DEL CORONAVIRUS

CAPÍTULO V: ¿CÓMO EMPEZÓ ESTO DE LAS ARMAS BIOLÓGICAS?

Dos generaciones de armas biológicas

Leitenberg y Zilinskas periodizan el programa soviético de armas biológicas en dos fases. La primera generación fue de 1928 a 1971, y utilizó técnicas clásicas de selección genética: la selección mendeliana y sus variaciones posteriores. El programa inicial fue producto de un programa de armas químicas y convirtió a la URSS en el único país del mundo en ese momento (¿el primero?) En tener un programa dedicado a AB. (Francia pudo haber tenido uno al mismo tiempo; Japón comenzaría el suyo poco después). En 1939, el programa soviético fue asumido por nada menos que Lavrenty Beria, el jefe / violador / verdugo de seguridad que también dirigió el Soviet. Proyecto de bomba atómica.

LA NACIÓN DEL CORONAVIRUS

El programa de segunda generación, desde 1972 hasta 1993, es realmente interesante. Éste utilizó nuevas técnicas de genética molecular: ingeniería genética. El objetivo era producir "errores" mejores y diferentes, con una alta prioridad en el cambio de las propiedades superficiales de las bacterias y los virus, de modo que no solo los antibióticos y las vacunas preexistentes no funcionaran, sino que incluso los métodos de detección serían erróneos .

Lo que hace que esto sea especialmente sorprendente es que la URSS no era exactamente conocida como una potencia genética, un resultado inevitable de su larga incursión en el lisenkoismo. Leitenberg dice que el programa de segunda generación fue impulsado por los biólogos, quienes lo vieron como la forma de reiniciar rápidamente la genética soviética después de Lysenko.
Un nuevo programa AB de alta tecnología fue visto como una forma de reconstruir la biología soviética después de una generación de investigación.

12 "recetas"

Al igual que con la mayoría de la I + D soviética, la estrategia primero fue copiar lo que los Estados Unidos estuvieran haciendo y luego avanzar con sus propias líneas de investigación. No es una mala estrategia en un mundo en el que sabes que hay un país que está pone grandes cantidades de dinero a un programa científico. Era una estrategia hecha algo más fácil debido a la relativa apertura de los Estados Unidos; cuando los Estados Unidos desclasificaron y publicaron diseños para bombas biológicas, la URSS los copió y los usó para su propio programa.

LA NACIÓN DEL CORONAVIRUS

La Gripe Española: la pandemia de 1918 que no comenzó en España

Por **Sandra Pulido** - 19 enero 2018

La **Gripe Española** mató entre **1918 y 1920** a más de 40 millones de personas en todo el mundo. Se desconoce la cifra exacta de la pandemia que es considerada la más devastadora de la historia. Un siglo después aún no se sabe cuál fue el origen de esta epidemia que no entendía de fronteras ni de clases sociales.

Aunque algunos investigadores afirman que empezó en Francia en 1916 o en China en 1917, muchos estudios sitúan los primeros casos en la **base militar de Fort Riley** (EE.UU.) el 4 de marzo de 1918.

Tras registrarse los primeros casos en Europa la gripe pasó a España. Un país neutral en la **I Guerra Mundial** que no censuró la publicación de los informes sobre la enfermedad y sus consecuencias a diferencia de los otros países centrados en el conflicto bélico.

Ser el único país que se hizo eco del problema provocó que la epidemia se conociese como la Gripe Española. Y a pesar de no ser el epicentro, España fue uno de los más afectados con 8 millones de personas infectadas y 300.000 personas fallecidas.

Quisiera señalar que, a menudo, en esta literatura, hacer que "copiar" parezca algo fácil, pero en realidad no lo es, todavía se necesita una gran cantidad de trabajo para replicar un diseño básico. En cualquier caso, siempre me sorprende que los estadounidenses actuamos personalmente ofendidos cuando la URSS copió la tecnología estadounidense, como si fuera una forma de plagio académico o piratería de alto riesgo. Oye, solo buscaban soluciones que se sabía que funcionaban, y es un gran cumplido, ¿no es así? No creo que debamos tomar este tipo de cosas personalmente.

LA NACIÓN DEL CORONAVIRUS

El programa BW soviético tenía cinco subprogramas principales:

Hoguera, el programa principal, que logra crear resistencia a múltiples antibióticos para bacterias y estructuras antigénicas modificadas para virus (cosas malas)

Factor, que buscaba una mayor virulencia de los agentes existentes, así como una mayor estabilidad y nuevos resultados, que son objetivos básicos para cualquier programa de BW, pero nuevamente, se estaban haciendo con métodos de genética molecular en su mayor parte

Cazador, que intentó hacer híbridos de bacterias y virus, aparentemente estaban tratando de encontrar agentes que fueran esencialmente bacterianos, pero si usabas antibióticos para matar las bacterias, luego liberarían virus en el sistema, lo que parece algo de una película

Quimera, que estaba trabajando en "genes virales exóticos" (es decir, mejorar el Ébola)

La flauta, que intentaba atacar a los reguladores de neuropéptidos, armas biológicas destinadas a asesinatos selectivos

Todos juntos produjeron doce "recetas", como las llamaron, que estaban "verificadas por tipo" y listas para producir. Algunos de estos fueron producidos en masa con cientos de toneladas.

LA NACIÓN DEL CORONAVIRUS

Leitenberg y Zilinskas pudieron identificar once de ellos, y dan miedo: ántrax, peste, tularemia y virus de Marburg, por nombrar algunos que incluso yo reconocí, pero la identidad del último sigue siendo un misterio para ellos.

Resumen

Estos programas se hicieron inmensos y se llevaron a cabo en 52 sitios clandestinos que empleaban a más de 50,000 personas. La capacidad de producción anualizada de viruela armada, por ejemplo, fue de 90 a 100 toneladas. En las décadas de 1980 y 1990, muchos de estos agentes fueron alterados genéticamente para resistir el calor, el frío y los antibióticos. En la década de 1990, Boris Yeltsin admitió un programa ofensivo de armas biológicas, así como la verdadera naturaleza del accidente de armas biológicas Sverdlovsk de 1979, que resultó en la muerte de al menos 64 personas.

Los responsables soviéticos que desertaron, como el coronel Kanatjan Alibekov, confirmaron que el programa había sido masivo y aún existía. Se firmó un acuerdo con los EE. UU. Y el Reino Unido que promete poner fin a los programas de armas biológicas y convertir las instalaciones de AB a fines benévolos, pero el cumplimiento del acuerdo, y el destino de los antiguos agentes e instalaciones soviéticos, aún no está documentado.

LA NACIÓN DEL CORONAVIRUS

Antes de que los americanos y británicos empezasen a mezclar pócimas de patógenos, por tanto, la unión soviética ya llevaba mas de 40 años experimentando con virus y bacterias. Mas concretamente en los años 20.

El programa AB soviético comenzó con Lenin en la década de 1920 en la Academia Militar de Leningrado bajo el control del aparato de seguridad estatal, conocido como GPU. Esto ocurrió a pesar del hecho de que la URSS fue signataria del Convenio de Ginebra de 1925, que prohibió las armas químicas y biológicas.

1928 - El Consejo Militar Revolucionario firmó un decreto sobre como armar el tifus. La academia militar de Leningrado comenzó a cultivar tifus en embriones de pollo. La experimentación humana se produjo con tifus, muermo y melioidosis en el campo de Solovetsky. Un laboratorio de investigación de vacunas y suero también se estableció cerca de Moscú en 1928, dentro de la Agencia Química Militar. Este laboratorio se convirtió en el Instituto de Investigación Científica de Microbiología del Ejército Rojo en 1933.

En La frontera kazajo-uzbeka, rodeada por kilómetros de desierto tóxico, se encuentra en una isla. O al menos, lo que que solía ser una isla. Vozrozhdeniya fue el hogar de un vibrante pueblo de pescadores rodeado de lagunas turquesas, cuando el Mar de Aral era el cuarto más grande del mundo y abundaba en peces.

LA NACIÓN DEL CORONAVIRUS

Pero después de años de abuso por parte de los soviéticos, las aguas retrocedieron y el mar se convirtió en polvo; los ríos que lo alimentaron fueron desviados para regar los campos de algodón. Hoy, una capa de arena salada, plagada de pesticidas cancerígenos, es todo lo que queda del antiguo oasis. Este es un lugar donde la temperatura está a 60 ° C en el suelo arenoso, y donde los únicos signos de vida son los esqueletos de árboles desecados y camellos que se esconden debajo de barcos gigantes y varados. Ahora Vozrozhdeniya se ha tragado tanto del mar que se ha hinchado hasta 10 veces su tamaño original, y está conectado al continente por una península.

Pero es gracias a otro proyecto soviético que es uno de los lugares más mortales del planeta. Desde la década de 1970, la isla ha estado implicada en una serie de incidentes siniestros.

En 1971, una joven científico se enfermó después de que un barco de investigación, el Lev Berg, se desviara en una bruma marrón. Días después, le diagnosticaron viruela. Misteriosamente, ella ya había sido vacunada contra la enfermedad. Aunque se recuperó, el brote continuó infectando a otras nueve personas en su ciudad natal, tres de las cuales murieron. Uno de ellos era su hermano menor.

LA NACIÓN DEL CORONAVIRUS

Un año después, los cadáveres de dos pescadores desaparecidos fueron encontrados a la deriva en su bote. Se cree que habían pillado la peste negra. Poco tiempo después, los locales comenzaron a coger redes enteras de peces muertos. Nadie sabe por qué. Luego, en mayo de 1988, 50,000 antílopes que habían estado pastando en una estepa cercana cayeron muertos, en el espacio de una hora.

Los secretos de la isla han perdurado, en parte porque no es el tipo de lugar donde puedes aparecer. Desde que Vozrozhdeniya fue abandonado en la década de 1990, solo ha habido un puñado de expediciones. Nick Middleton, periodista y geógrafo de la Universidad de Oxford, filmó un documental allí en 2005. *"Estaba al tanto de lo que sucedía, así que nos pusimos en contacto con un tipo que solía trabajar para el ejército británico y vino a dar a la tripulación una sesión informativa sobre el tipo de cosas que podemos encontrar ".*

Ese experto fue Dave Butler, quien terminó yendo con ellos. *"Hubo muchas cosas que podrían haber salido mal",* dice. Como precaución, Butler puso antibióticos a todo el equipo, comenzando la semana anterior. Como una necesidad, llevaban máscaras de gas con filtros de aire de alta tecnología, botas gruesas de goma y trajes blancos de estilo forense desde el momento en que llegaron. No estaban siendo paranoicos.

LA NACIÓN DEL CORONAVIRUS

Las fotografías aéreas tomadas por la CIA en 1962 revelaron que, mientras que otras islas tenían muelles y chozas de embalaje de pescado, esta tenía un campo de tiro, barracones y patio de armas. Pero eso ni siquiera era la mitad. También hubo edificios de investigación, corrales de animales y un sitio de prueba al aire libre. La isla se había convertido en una base militar del tipo más peligroso: era una instalación de prueba de armas biológicas.

El proyecto era un secreto total, ni siquiera indicado en los mapas soviéticos, pero aquellos que lo sabían lo llamaban Aralsk-7. Con los años, el sitio se convirtió en una pesadilla viviente, donde el ántrax, la viruela y la peste se supone estaban en grandes nubes, y enfermedades exóticas como la tularemia, la brucelosis y el tifus cuando llovió se filtraron en el suelo arenoso.

Como era de esperar, los esfuerzos de los soviéticos en Vozrozhdeniya no fueron suficientes. Años después del colapso de la URSS, a raíz de los ataques en Tokio y las revelaciones sobre un extenso programa de armas biológicas en Irak, crecían los temores sobre la posibilidad de que terroristas o gobiernos corruptos pongan sus manos sobre cualquier patógeno armado. Entonces el gobierno de los Estados Unidos envió equipos de especialistas para hacer algunas pruebas.

LA NACIÓN DEL CORONAVIRUS

La ubicación precisa del caché de ántrax nunca se reveló, pero resulta que esto no fue un problema. Los hoyos eran tan enormes que eran claramente visibles en las fotos tomadas desde el espacio por el satélite. Se encontraron esporas en varias muestras de suelo, y los Estados Unidos prometieron $6 millones para un proyecto para limpiar el lugar.

Esto implicaba una zanja profunda, excavada junto a los pozos, un revestimiento de plástico y miles de kilogramos de lejía en polvo potente. Todo lo que el equipo tuvo que hacer fue mover varias toneladas de tierra contaminada a la zanja, a 50 ° C mientras usaba trajes de protección estilo astronauta. En total, se contrataron 100 trabajadores locales y el proyecto tardó 4 meses en completarse.

No todo era ántrax normal y corriente en la unión soviética. Aralsk-7 se construyó en medio de una carrera armamentista de armas biológicas con los EE. UU. Y el Reino Unido, una misión peligrosa para tomar patógenos ya letales y hacerlos aún más resistentes, infecciosos y mortales. Se tomaron medidas para garantizar que las bacterias fueran resistentes a los antibióticos y que los virus pudieran infectar incluso a las personas vacunadas.

Para lograr esto, los científicos cultivaron cantidades industriales de patógenos recolectados de la naturaleza y se centraron en aquellos con las características correctas. *"Cuanto más material, más posibilidades hay de encontrar lo que estás buscando"*, dice Baillie.

LA NACIÓN DEL CORONAVIRUS

Pero el 10 de abril de 1972, los tres firmaron un tratado acordando renunciar a él. Este es precisamente el momento en que los soviéticos lanzaron el programa más aterrador hasta el momento. Esta vez, utilizarían la ciencia emergente de la genética molecular. Estas armas biológicas estarían diseñadas, no solo cultivadas. Esto incluía una cepa de ántrax particularmente desagradable, conocida por los investigadores como ITS. Para empezar, era resistente a una impresionante variedad de antibióticos, como penicilina, rifampicina, tetraciclina, cloranfenicol, macrólidos y lincomicina. Pero esa no es la única razón por la que realmente no quieres ser infectado por ITS.

Como si el ántrax no fuera lo suficientemente malo, los científicos decidieron que este asesino natural necesitaba un florecimiento final: toxinas que pueden romper los glóbulos rojos y pudrir el tejido humano. Los científicos tomaron los genes de un pariente cercano, Bacillus cereus, y los agregaron utilizando las últimas técnicas científicas.

El ántrax crece naturalmente en grupos, pero estos pueden quedar atrapados en las fosas nasales y no siempre conducen a una infección. Entonces a los soviéticos les gustaba molerlos usando maquinaria industrial. El resultado final es de solo cinco micrómetros de largo, al menos 30 veces más pequeño que el ancho de un cabello humano. Perfecto para poder ser inhalado o que vuele en el aire.

LA NACIÓN DEL CORONAVIRUS

¿Pero qué hay de los misteriosos brotes en los años 70 y 80? Ahora se sabe que el Lev Berg se desvió en una nube de aerosol de viruela armada que recientemente se había liberado en la isla. El incidente fue ocultado por las potencias soviéticas de la época, incluido el jefe de la KGB, Yuri Andropov, quien más tarde se convirtió en primer ministro soviético. No se sabe exactamente con qué cepa se infectaron, pero según David Evans, un virólogo de la Universidad de Alberta, Canadá, es probable que haya sido la India-1967.

Esta fue una cepa altamente virulenta, aislada por primera vez de un hombre indio que la trajo a Moscú en 1967. Hay dos posibles razones por las que pudo infectar a los que ya habían sido vacunados: la vacuna no funcionó o estuvieron expuestos a Una dosis particularmente alta.

En cuanto a la peste, a pesar de que los soviéticos estaban trabajando en armarla biológicamente, la bacteria sigue siendo generalizada en Asia Central hasta el día de hoy; de hecho, el número de casos aumentó considerablemente después del colapso de la URSS. Lo que nos deja con el pez y el antílope. Ambos siguen siendo un misterio, pero la contaminación generalizada en el Mar de Aral en ese momento y las muertes más recientes de antílopes en masa sugieren que ambos tenían causas alternativas.

LA NACIÓN DEL CORONAVIRUS

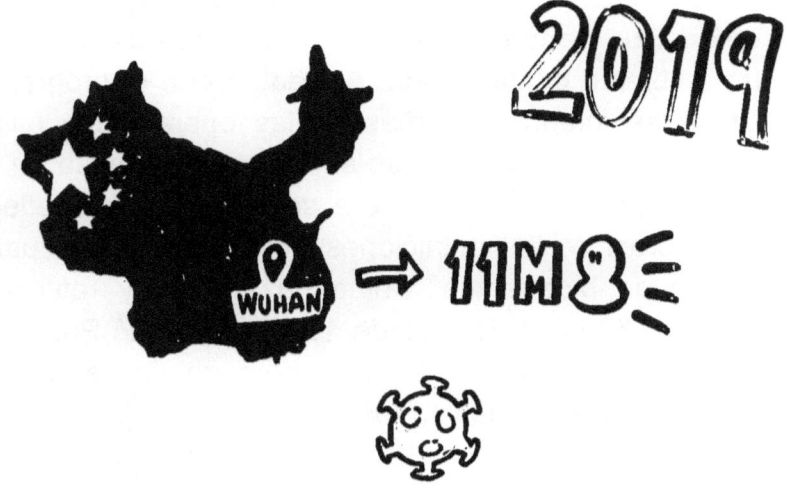

Armas químicas y biológicas en China

China tiene programas activos relacionados con el desarrollo de armas químicas y biológicas, aunque esencialmente no han aparecido detalles de estos programas en la literatura tradicional militar o de inteligencia.

Se cree que China tiene un programa avanzado de guerra química que incluye capacidades de investigación y desarrollo, producción y armamento. Se cree que su inventario actual incluye la gama completa de agentes químicos tradicionales. También tiene una amplia variedad de sistemas de liberación de agentes químicos que incluyen cohetes de artillería, bombas aéreas, pulverizadores, chemtrails y misiles balísticos de corto alcance.

LA NACIÓN DEL CORONAVIRUS

Las fuerzas chinas han llevado a cabo entrenamientos defensivos de guerra y están preparados para operar en un ambiente contaminado. A medida que el programa de China se integra aún más en las operaciones militares generales, su doctrina, que se cree que se basa en parte en el pensamiento de la era soviética, puede reflejar la incorporación de municiones más avanzadas para la guerra de bioagentes. China ha firmado y ratificado la CAQ. El 30 de diciembre de 1996, el Comité Permanente del Congreso Nacional del Pueblo de China ratificó la Convención sobre las armas químicas [CAQ].

Las transferencias anteriores de doble uso relacionadas con productos químicos al programa de armas químicas de Irán indican que, como mínimo, los controles de exportación de productos químicos de China no están funcionando de manera suficientemente efectiva para garantizar el cumplimiento de la obligación de China de acuerdo de Armas Químicas CWC de no ayudar a nadie de ninguna manera a adquirir armas químicas. En marzo de 1997, las autoridades israelíes arrestaron a un empresario israelí, Nahum Manbar, por supuestamente vender componentes de armas químicas chinas a Irán.

El 21 de mayo de 1997, de conformidad con la Ley de Control de Armas Químicas y Biológicas y la Eliminación de la Guerra de 1991, el gobierno de los EE UU impuso sanciones comerciales a 5 personas chinas, dos compañías chinas y una compañía de Hong Kong por contribuir consciente y materialmente al programa de armas químicas de Irán.

LA NACIÓN DEL CORONAVIRUS

Estas personas y empresas estaban involucradas en la exportación de agentes químicos de doble uso y / o equipos y tecnología de producción química. Las empresas chinas fueron el Nanjing Chemical Industries Group (NCI) y la Jiangsu Yongli Chemical Engineering and Technology Import / Export Corp.

En 1939, el ejército japonés estableció el centro de investigación de guerra germinal de la Unidad 731 en Harbin, donde expertos médicos japoneses experimentaron con prisioneros chinos, soviéticos, coreanos, británicos y otros.

China posee una infraestructura de biotecnología avanzada, así como las capacidades de producción de municiones necesarias para desarrollar, producir y fabricar agentes biológicos. Aunque China siempre ha afirmado que nunca ha investigado ni producido armas biológicas, se cree que conserva una capacidad de guerra biológica iniciada antes de acceder a la AB.

Se considera comúnmente que China tiene un programa activo de guerra biológica, que incluye actividades dedicadas de investigación y desarrollo financiadas y apoyadas por el Gobierno para este propósito. Esencialmente no hay datos de código abierto sobre el tema de las actividades de AB en China, y muchos programas legítimos de investigación utilizan equipos e instalaciones similares, si no idénticos.

LA NACIÓN DEL CORONAVIRUS

Uno de ellos es el centro de control y enfermedades patógenas o laboratorio de nivel 4 de Wuhan en la provincia de Hubei de China (BSL-4). En este proyecto participan varias empresas, incluidas la empresas de globalistas como George Soros y Bill Gates tienen participación en estos biolabs (ver foto arriba) ¡Wuxi Pharmaceuticals está convenientemente ubicado en el epicentro del brote cerca del Instituto de Virología Wuhan que ha sido acusado como el fabricante de armas biológicas de este coronavirus!! ¡Y no olvidemos la patente del medicamento de tratamiento! ¿Cuán caritativo crees que será China con Occidente?

Pero esta historia no termina aquí. George Soros también posee Gilead Biosciences.

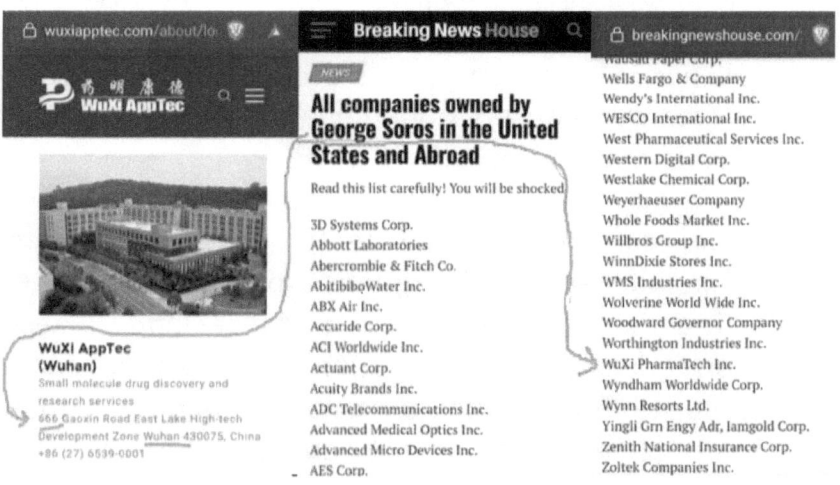

LA NACIÓN DEL CORONAVIRUS

```
                   92857W209    $       5,126      178,300    SH         SOLE
                   1   X
                   VONAGE HLDGS CORP                   COM
                   92886T201    $         280       61,500    SH         SOLE
                   1   X
                   VOYAGER OIL & GAS INC               COM
                   92911K100    $       4,400    1,000,000    SH         SOLE
                   1   X
                   WABCO HLDGS INC                     COM
                   92927K102    $      12,328      200,000    SH         SOLE
                   1   X

                   SHARED
                   WABCO HLDGS INC                     COM
                   92927K102    $         324        5,249    SH
                   (OTHER)            1            X
                   WMS INDS INC                        COM
                   929297109    $         417       11,800    SH         SOLE
                   1   X
                   WUXI PHARMATECH CAYMAN INC     SPONS ADR SHS
                   929352102    $       3,865      250,000    SH         SOLE
                   1   X
                   WABASH NATL CORP                    COM
                   929566107    $      22,002    1,900,000    SH         SOLE
                   1   X
                   WASHINGTON FED INC                  COM
                   938824109    $         201       11,600    SH         SOLE
                   1   X
                   WASTE CONNECTIONS INC               COM
                   941053100    $         354       12,300    SH         SOLE
```

LA NACIÓN DEL CORONAVIRUS

LA NACIÓN DEL CORONAVIRUS

CAPÍTULO VI: SE QUE LIBERASTE UN VIRUS EL PASADO VERANO

«Es un grupo muy poderoso en la sombra que controla los hilos del poder mundial para llevarnos a la esclavitud.»
- *Daniel Estulin El Club Bilderberg*

Científico del gobierno canadiense bajo investigación capacitó personal en el laboratorio de Nivel 4 en China
Allá por el verano de 2018 unos estudiantes chinos y sus mentores-una pareja de científicos chinos con doble nacionalidad, canadiense y china, fueron detenidos por comerciar con ficheros de ordenador, sustancias patógenas y viajes sospechosos a china, exactamente 5 entre una y otra semana frecuentes desde el laboratorio de nivel 4 de bioarmas de Winnipeg, Canadá.

LA NACIÓN DEL CORONAVIRUS

'BIOSECURITY RISK': FBI REPORT DESCRIBES CHINESE SCIENTISTS SARS, MERS, H1N1 VIRUSES IN LUGGAGE

One incident occurred as recently as September 2019

Jamie White | Infowars.com - MARCH 30, 2020   27 Comments

'Riesgo de bioseguridad': el informe del FBI describe a científicos chinos que contrabandearon virus del SARS, MERS y H1N1 en el equipaje

Un informe del FBI detalla incidentes de 2018 y 2019 en los que los científicos chinos fueron atrapados llevando virus y cepas de gripe no declarados y etiquetados no oficialmente a los EE. UU. En septiembre de 2018, los agentes de Aduanas y Protección Fronteriza de EE. UU. En el Aeropuerto Metro de Detroit detuvieron a un biólogo chino con tres frascos etiquetados como "Anticuerpos" en su equipaje. El biólogo les dijo a los agentes que tenía la tarea de entregar los viales a un investigador en un instituto de los EE. UU., Pero al examinar los viales, los agentes de aduanas se dieron cuenta de manera impactante.

LA NACIÓN DEL CORONAVIRUS

"La inspección de la bitácora en los viales y el destinatario declarado llevaron al personal de inspección a creer que los materiales contenidos en los viales o botellas pueden ser materiales viables del Síndrome Respiratorio del Medio Oriente (SARM) y del Síndrome Respiratorio Agudo Severo", dice el informe no clasificado del FBI. (abajo)

UNCLASSIFIED//FOR OFFICIAL USE ONLY

U.S. Department of Justice
Federal Bureau of Investigation

November 13, 2019

TACTICAL INTELLIGENCE REPORT
FBI Weapons of Mass Destruction Directorate
Chemical and Biological Intelligence Unit

THE INFORMATION IN THIS DOCUMENT MAY NOT BE UPLOADED TO ANY DATABASES, USED FOR ANY PURPOSES, OR DISSEMINATED TO ANY OTHER RECIPIENT WITHOUT THE ADVANCED AUTHORIZATION OF THE FBI. THIS PRODUCT EXPRESSES THE PERSPECTIVE OF THIS OFFICE AND MAY NOT BE REFLECTIVE OF THE NATIONAL PERSPECTIVE OF THE FBI.

(U//FOUO) Foreign Researchers Transport of Biological Samples into the United States via Personal Luggage, Almost Certainly Presents a Biosecurity Vulnerability and Collection Opportunity

(U) Thesis

(U//FOUO) The Weapons of Mass Destruction Directorate (WMDD) assesses foreign scientific researchers who transport undeclared and undocumented biological materials[1] into the United States in their personal carry-on and/or checked luggage almost certainly[2] present a US biosecurity risk. The WMDD makes this assessment with high confidence[3] based on liaison reporting with direct access. Even if biological material is declared[4] on customs forms and has the necessary import permits (assumedly a part of legitimate research), it is impossible to determine, without testing, the validity of the contents of the samples and if they pose a risk to US human, animal, or plant populations.

LA NACIÓN DEL CORONAVIRUS

En septiembre de 2019, solo unos meses antes de que se identificara el coronavirus en Wuhan, China, otro científico chino fue interceptado por agentes de aduanas que llevaban ocho viales de un "líquido transparente" que los agentes luego determinaron que era una cepa de influenza H1N1.

Y en mayo de 2018, se descubrió que un científico chino portaba "plásmidos no infecciosos derivados de la bacteria E. coli". El informe resume los incidentes como claros "riesgos de bioseguridad".

(U) Substantiation

(U//FOUO) The FBI WMDD assesses foreign scientific researchers who transport biological materials into the United States in personal carry-on and/or checked luggage almost certainly present US biosecurity and biosafety risks. The WMDD makes this assessment with high confidence based on liaison reporting with direct access. These materials typically are not declared, officially labeled, or properly packaged, although at least some of the materials are likely associated with legitimate US-based research efforts.

- (U//FOUO) On 11 September 2019, a Chinese National, initially made no positive declarations but was later found to have eight vials of a clear liquid in their checked luggage at Detroit Metropolitan Wayne County Airport (DTW). The vials had no supporting documentation. The Chinese National stated the material was "DNA…derived from a low-pathogenicity strain of H9N2." However, some of the vials had "WSN" hand-written on top, and through open source research, CBP determined "WSN" is an acronym associated with the H1N1 influenza collected in 1933.[5] The material was confiscated, and the individual was allowed to travel to Dallas, Texas where they were traveling to work with a researcher associated with an identified US research institution.[6,i]

- (U) On 28 November 2018, CBP discovered three vials labeled as "Antibodies" in the luggage of a Chinese National at the DTW airport. The individual, who identified himself as a biologist, had not declared the materials and when questioned, did not have appropriate documentation for the items. When questioned, the individual advised the items came from a researcher in China who asked him to deliver them to another colleague at an identified US research institution. Inspection of the writing on the vials and the stated recipient led inspection personnel to believe the materials contained within the vials may be viable Middle East Respiratory Syndrome (MERS) and Severe Acute Respiratory Syndrome (SARS) materials.[7,ii]

- (U//FOUO) On or about 26 May 2018 a Chinese National entered the United States via DTW from Beijing, the People's Republic of China. When stopped by CBP, the individual stated he was a breast cancer researcher in Texas and was not traveling with any biological products. The individual was referred for additional CBP inspection where he amended his declaration to possibly traveling with plasmids. CBP discovered one centrifuge tube in the individual's checked bag, and he stated it was "non-infectious E. coli bacteria-derived plasmids." The individual was unable to provide any accompanying documentation or permits for the materials, which CBP placed on an agriculture hold, and the individual was released.[8,iii]

LA NACIÓN DEL CORONAVIRUS

Manitoba

Canadian government scientist under investigation trained staff at Level 4 lab in China

Still no answers in probe of government scientists expelled from National Microbiology Lab in Winnipeg

Karen Pauls · CBC News · Posted: Oct 03, 2019 2:57 PM CT | Last Updated: October 3, 2019

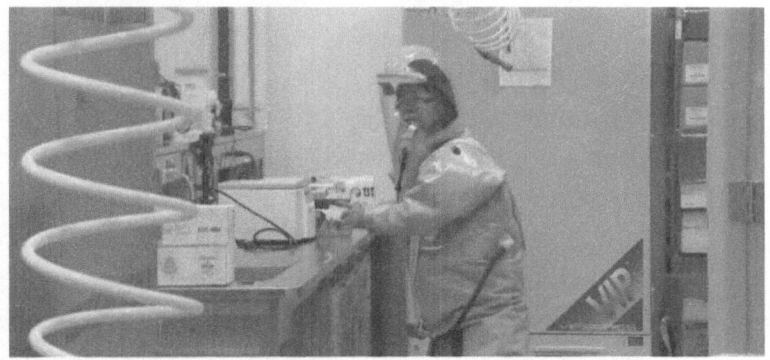

La periodista científica, Karen Pauls de la BBC canadiense se hacia eco de unas detenciones y problemas graves en la gestión de patógenos del laboratorio de máxima seguridad de Canadá.

Decía : *"Todavía no hay respuestas en la investigación de los científicos del gobierno expulsados del Laboratorio Nacional de Microbiología en Winnipeg. Xiangguo Qiu, su esposo biólogo y sus estudiantes no han regresado a trabajar en el Laboratorio Nacional de Microbiología en Winnipeg, después de ser escoltados en julio. RCMP-Ministerio de Sanidad e Interior- todavía está investigando lo que fue descrito por la Agencia de Salud Pública de Canadá como una posible 'vulneración grave de la las normas de salud y reglas del laboratorio canadiense.* (CBC)

LA NACIÓN DEL CORONAVIRUS

Un científico del gobierno canadiense en el Laboratorio Nacional de Microbiología en Winnipeg realizó al menos cinco viajes a China en 2017-18, incluido uno para capacitar a científicos y técnicos en el recientemente certificado Laboratorio de Nivel 4 de China, que investiga con los patógenos más mortales, según los viajes. documentos obtenidos por CBC News."

"Durante un viaje del 19 al 30 de septiembre de 2017, también se reunió con colaboradores en Beijing, según los documentos, pero sus nombres también se han ocultado. Qiu, su esposo Keding Cheng y sus estudiantes de China fueron retirados el 5 de julio del único laboratorio de Nivel 4 de Canadá, uno equipado para trabajar con las enfermedades humanas y animales más graves y mortales, como el Ébola. El acceso de seguridad para la pareja y los estudiantes chinos fue revocado, dijeron previamente las fuentes que trabajan en el laboratorio a CBC News."

"La expulsión de investigadores del Laboratorio Nacional de Microbiología sigue siendo un misterio Varios de ellos, que pidieron no ser identificados por temor a represalias, dicen que siempre ha habido preguntas sobre los viajes de Qiu a China, y qué información y tecnología estaba compartiendo con los investigadores allí. "No está bien que sea una empleada del gobierno canadiense que proporciona detalles del trabajo de alto secreto y los conocimientos para establecer un laboratorio de alta contención para una nación extranjera", dijo un empleado.

LA NACIÓN DEL CORONAVIRUS

Chinese researcher escorted from infectious disease lab amid...
A researcher with ties to China was recently escorted out of the National Microbiology Lab in Winnipeg amid an RCMP investigation
cbc.ca

Aunque el estado canadiense negó varias veces datos de está investigación más tarde se comprobó que no solo estas personas existían sino que además habían desaparecido, y el FBI como explicaré luego corroboró un mes más tarde dichas informaciones de la CBC news...

Científicos, documentos, patógenos en maletas, viajes de aquí para allá a China incluso a Wuhan. Blanco y en botella. Solo puede ser leche.

La Dra. Xiangguo Qiu es médica y viróloga de Tianjin, China, quien vino a Canadá para estudios de posgrado en 1996. Qiu todavía está afiliada a la universidad allí y ha traído a muchos estudiantes a lo largo de los años para ayudarla con su trabajo. Ayudó a desarrollar ZMapp, un tratamiento para el mortal virus del Ébola que mató a más de 11,000 personas en África occidental entre 2014-2016.

LA NACIÓN DEL CORONAVIRUS

Su esposo Keding Cheng trabaja como biólogo en el laboratorio de Winnipeg. Ha publicado trabajos de investigación sobre infecciones por sida, síndrome respiratorio agudo severo (SRAS), infecciones por E. coli y enfermedad de Creutzfeldt-Jakob.

Un mes después, CBC descubrió que los científicos del NML enviaron virus vivos de Ebola y Henipah a Beijing en un vuelo de Air Canada el 31 de marzo del 2019. La Agencia de Salud Pública de Canadá dice que se siguieron todas las políticas federales. PHAC no confirmará si el envío del 31 de marzo es parte de la investigación de RCMP.

Por otro lado, y en el otro parte del mundo, China; meses antes de que el nuevo coronavirus (COVID-19, CO- significa corona, VI para virus y D para enfermedad) se volviera mortal y provocara muertes en China que desencadenaran un pánico global, una investigación de cuatro científicos chinos advirtió que en el futuro SARS (Los brotes de coronavirus del tipo Síndrome Respiratorio Agudo Severo) o MERS (Síndrome Respiratorio del Medio Oriente) se originarán en murciélagos y hubo una mayor probabilidad de que esto ocurra en China.

El artículo de Yi Fan, Kai Zhao, Zheng Li Shi y Peng Zhou titulado Murciélago coronavirus en China' fue publicado por la revista MDPI en marzo de 2019.

LA NACIÓN DEL CORONAVIRUS

El equipo con CAS Key Laboratory of Special Pathogens y Biosafety, Wuhan Institute of Virology, Chinese Academy of Science, Wuhan hizo hincapié en la investigación de coronavirus de murciélago para detectar señales de alarma anteriores y minimizar así el impacto de tales brotes en China en el futuro.

Según los investigadores, tres coronavirus zoonóticos causaron SARS, MERS y SADS (Síndrome de diarrea aguda porcina) en dos décadas y los agentes se originaron en murciélagos; dos de ellos se originaron en China. Dado que tanto el SARS como el SADS fueron causados por coronavirus de origen murciélago en China, subrayaron la necesidad de estudiar los coronavirus de murciélago para comprender su potencial de causar otro brote de virus. Durante la revisión, recolectaron información de estudios epidemiológicos anteriores sobre coronavirus de murciélago en China, incluidas las especies de virus identificadas, las especies huésped y su distribución geográfica.

El artículo dedica un capítulo especial "¿Por qué China?" en el que se enumeran varias razones sobre cómo China podría presenciar otro brote importante debido al coronavirus. El estudio señala que la mayoría de los huéspedes de murciélagos viven cerca de los humanos, potencialmente transmitiendo virus a humanos y ganado.

LA NACIÓN DEL CORONAVIRUS

El estudio se completó en enero de 2019 y en enero de 2020, China estaba en manos de COVID-19 con Wuhan como epicentro, lo que obligó al cierre completo de las ciudades.

"Las predicciones en investigación tienen un factor de alta variabilidad. Cada enfermedad puede ser monitoreada observando ciertas tendencias y las administraciones deben buscar tales tendencias. Muchos factores afectan la supervivencia y la mutación de un virus. En nuestro estado, utilizamos la experiencia Nipah para la detección temprana y verificamos la propagación comunitaria de COVID-19 y evitamos una calamidad ", dijo el científico del Centro de Biotecnología Rajiv Gandhi, Dr. E Sreekumar.

La infección mundial del virus chino-COVID-19 dio lugar a teorías de experimentación, obviamente, con armas biológicas. ¿los investigadores anticiparon un brote, entonces o estaban haciendo el virus?. El 3 de febrero, Peng Zhou, Xing Lou Yang y Zheng-Li Shi publicaron otro artículo en la revista Nature que informaba sobre la identificación y caracterización de COVID-19. Según el informe, se obtuvieron secuencias del genoma completas de 5 pacientes durante las primeras etapas del brote y demostró que son casi idénticas entre sí y comparten una identidad de secuencia del 79.5% con el SARS-CoV y con el SIDA. Además, el estudio mostró que COVID-19 es 96% idéntico a un coronavirus del murciélago.

LA NACIÓN DEL CORONAVIRUS

A medida que los temores sobre el nuevo coronavirus 2019-nCoV continuaron propagándose el primer viernes de febrero pasado, apareció un nuevo artículo inflamatorio en bioRxiv, un servidor de preimpresión, donde los científicos publican trabajos que no han sido investigados.

Titulado "*Extraña similitud de insertos únicos en la proteína de pico 2019-nCoV con HIV-1 gp120 y Gag*", el documento afirmó encontrar similitudes entre el nuevo coronavirus y el virus que causa el SIDA. El uso de la palabra "extraño" en el título, junto con "improbable que sea fortuito" en el resumen, llevó a algunos a pensar que los autores estaban sugiriendo que el virus había sido diseñado de alguna manera por humanos.

LA NACIÓN DEL CORONAVIRUS

En otro articulo científico redactado por científicos indios que después desapareció de internet pero que yo hice un pantallazo titulado *"Científicos indios descubren coronavirus diseñados con inserciones similares al VIH (SIDA)"*

Un grupo de científicos indios descubrió que el coronavirus de Wuhan había sido diseñado con inserciones similares al SIDA. El estudio concluye que es poco probable que un virus haya adquirido tales inserciones únicas de forma natural en un corto período de tiempo. Mientras tanto, China comenzó a usar medicamentos contra el SIDA para el tratamiento del coronavirus.

El estudio encontró 4 nuevas inserciones similares al SIDA en el Coronavirus que estaban ausentes de otros Coronavirus. Este hallazgo que indica el estudio es *"poco probable que sea de naturaleza fortuita"*, lo que significa que no es un fenómeno natural.

Actualmente estamos presenciando una importante epidemia causada por el nuevo coronavirus de 2019 (2019-nCoV). La evolución de 2019-nCoV sigue siendo esquiva. Encontramos 4 inserciones en la glucoproteína espiga (S) que son exclusivas de 2019-nCoV y no están presentes en otros coronavirus. Es importante destacar que los residuos de aminoácidos en los 4 insertos tienen identidad o similitud con aquellos en el VIH-1 gp120 o VIH-1 Gag.

LA NACIÓN DEL CORONAVIRUS

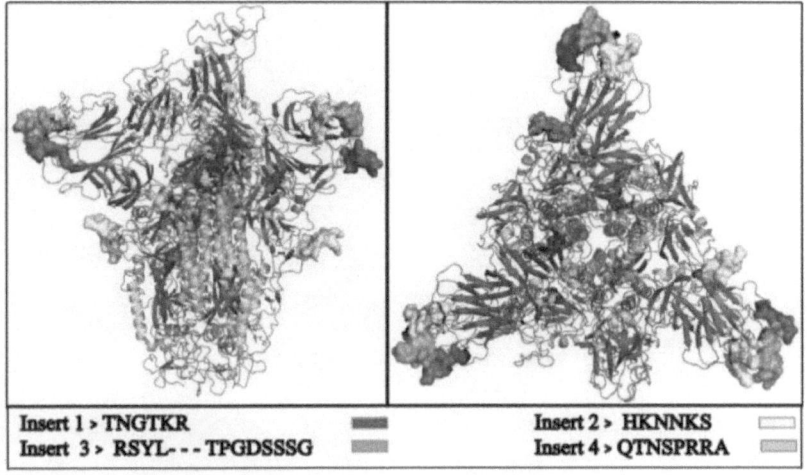

Insert 1 > TNGTKR
Insert 3 > RSYL- - -TPGDSSSG
Insert 2 > HKNNKS
Insert 4 > QTNSPRRA

Glicoproteína de pico homotrimérico modelado del virus 2019-nCoV. Los insertos de la proteína de envoltura del VIH se muestran con cuentas de colores, presentes en el sitio de unión de la proteína.

Dado que la proteína S de 2019-nCoV comparte ascendencia más cercana con el SARS GZ02, la secuencia que codifica las proteínas de pico de estos dos virus se comparó con el software MultiAlin. Encontramos cuatro nuevas inserciones en la proteína de 2019-nCoV- "GTNGTKR" (IS1), "HKNNKS" (IS2), "GDSSSG" (IS3) y "QTNSPRRA" (IS4)

LA NACIÓN DEL CORONAVIRUS

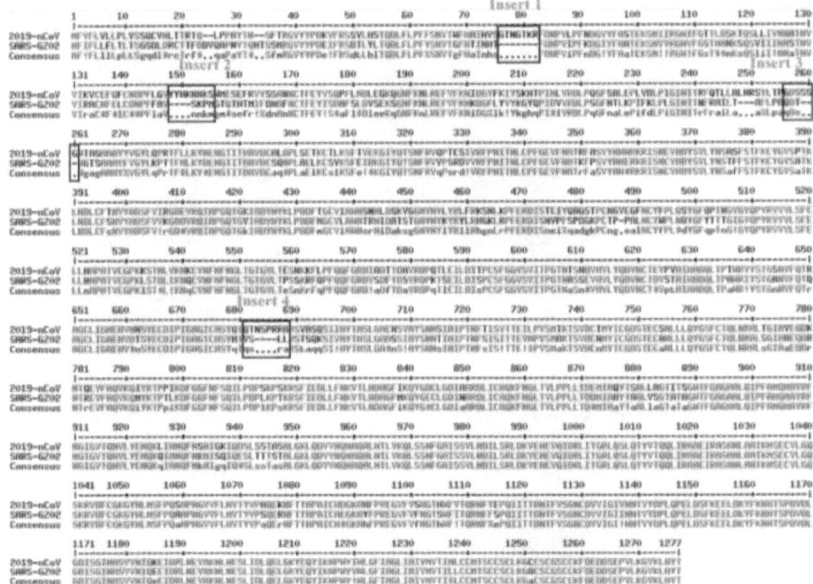

Alineación de secuencia múltiple entre proteínas de pico de 2019-nCoV y SARS Figura 2: Alineación de secuencia múltiple entre proteínas de pico de 2019-nCoV y SARS. Las secuencias de las proteínas de pico de 2019-nCoV (Wuhan-HU-1, Accession NC_045512) y de SARS CoV (GZ02, Accession AY390556) se alinearon utilizando el software MultiAlin. Los sitios de diferencia se resaltan en cuadros.

¿Debemos creer que el hombre NUNCA ha mutado un virus? ¿De Verdad? ¿Por qué hay tanta investigación en todo el mundo? Incluyendo ... Harvard (ver Dr. Charles Lieber, 60, Presidente del Departamento de Química y Biología Química de la Universidad de Harvard, fue arrestado en la mañana del 16 de Enero y acusado por denuncia penal e imputado de hacer una declaración materialmente falsa, ficticia y fraudulenta sobre su financiación de nanotecnología con China).

LA NACIÓN DEL CORONAVIRUS

Charles Lieber el científico detenido en Estados Unidos, no vendió el coronavirus a China como se ha publicado

Esto me indica que Charles es un hombre de paja, y que a pesar de su colaboración con China o no, el virus ha sido diseñado en un laboratorio en Wuhan como explicaré luego. Además, Lieber, experto en nanotecnología lleva arrestado desde el pasado mes de enero pero su detención no tiene nada que ver con el Covid-19. A este científico se le acusa de mentir sobre sus vínculos con el gobierno chino, quien al parecer le habría financiado sus investigaciones en el ámbito de la nanotecnología. Los fiscales sostienen que Lieber ha participado en el Thousand Talents Program (Programa de los Mil Talentos) llevado a cabo en el gigante asiático, cuya finalidad es reclutar a investigadores extranjeros. Aunque estuvo unido a Harvard entre 1991 y 2017, el prestigioso nano científico habría comenzado a trabajar para la Universidad de Tecnología de Wuhan (China) a partir de 2013 ocultando tal hecho.

LA NACIÓN DEL CORONAVIRUS

LA NACIÓN DEL CORONAVIRUS

CAPÍTULO VII: EL PACIENTE CERO Y EL LUGAR DONDE SE CREÓ EL MATA VIEJOS

«Piensa mal y acertarás» **-Dicho Popular**

Como expliqué en anteriores capítulos, no solo 5 científicos chinos fueron cogidos in fraganti viajando con patógenos a China y Wuhan desde Canadá sino también desde Norte américa. Y se sabía que los chinos fabricaban virus y patógenos desde hace tiempo como demuestra un reporte médico de la RAI Italiana del 2015.

LA NACIÓN DEL CORONAVIRUS

redacción médica

La **pandemia de Covid-19** ha dado lugar a un sinfín de teorías para explicar el origen de este **virus** surgido en **Wuhan**. **Donald Trump, tecnología 5G, arma biológica, seres de otro planeta**...Son muchas las **hipótesis**, más o menos descabelladas, que circulan estos días a través de Internet y las redes sociales y que tratan de aportar cierta lógica a esta **crisis sanitaria**.

Recientemente salía a la luz un **vídeo** publicado hace cuatro años por la **cadena italiana Rai3** que desvelaba la posible existencia de un "**súper virus pulmonar**" creado por "científicos chinos" a partir de "**murciélagos y ratones**". Hay quien considera que este hallazgo podría estar vinculado con el coronavirus Covid-19, causante de la muerte de más de 44.100 personas en el mundo.

El reportaje, emitido en noviembre de 2015 en el programa televisivo **TG3 Leonardo**, hablaba del experimento de un **grupo de investigadores chinos** que, al conectar una proteína de murciélagos con el virus del **Sars**, encontrado en ratones, habían descubierto "un súper virus" capaz de afectar también "a los humanos".

En concreto, la proteína fue tomada de la superficie de **coronavirus** encontrada en los **murciélagos de herradura** -denominados así por la forma característica de su nariz-. Los científicos probaron a unirla con el virus que provoca **neumonía aguda**, aunque de forma no mortal, en **ratones**, originando "un organismo modificado". El experimento confirmó además que podía tener efecto en humanos.

Esta molécula, denominada '**SHCO14**', permite que el coronavirus "se adhiera a nuestras células respiratorias, desencadenando el virus". Además, según los investigadores, los murciélagos pueden transmitir el organismo original y, con más probabilidad el modificado, a los humanos sin pasar por una especie intermedia como los roedores. "Es precisamente esta posibilidad la que genera muchas controversias", explicaba la noticia.

La verdadera teoría de la conspiración de los troles es que a los murciélagos :

- desarrollaron un virus nuevo en el pito
- dejaron las cuevas de las montañas
- volaron 1.000 km a WUHAN llena de gente y polución (lugar que le gusta mucho a murciélagos)
- MEARON EN Wuhanianos
- que estaban justo al lado del único lab de armas biológicas nivel 4 de toda China

LA NACIÓN DEL CORONAVIRUS

Bill Gates' Former Doctor Says Billionaire 'Refused To Vaccinate His Children'

FEBRUARY 7, 2018 AT 12:43 PM
Locks News Network

Bill Gates desarrolla una vacuna mundial pero no se las pone a sus hijos, dice. La nefasta gestión de España. ¡Era una gripe decían!

	España	Corea del Sur
Habitantes	47.000.000	51.000.000
Infectados 7 marzo	500	7.041
Infectados 2 abril	112.065	9.976
Fallecidos 7 marzo	10	44
Fallecidos 2 abril	10.348	169
Tests Masivos	No	Si
Distribución de mascarillas a la población	No	Si (2 por persona y semana)
Obligación de usar mascarillas	No	Si
Geolocalización	No	Si
Confinamiento	Si	No
Paralización Economía	Si	No
Presidente	Pedro Sánchez	Moon Jae-in
Partido Gobierno	PSOE+Podemos	PDC
Orientación Política	¿?	Centro Izquierda

LA NACIÓN DEL CORONAVIRUS

Meet the Chinese Trolls Pumping Out 488 Million Fake Social Media Posts

New research exposes a "massive secretive operation" to fill China's internet with propaganda.

Los chinos no solo han comprado al director de la OMS el cual los japoneses y americanos ya le llaman la organización de la salud de Wuhan, sus siglas WHO en vez de world- Wuhan Health Organization, han pagado 200 millones para inundar la internet con teorías de conspiración y ocultar el verdadero origen del brote y de la bioarma.

Teorías que los troles propagan por la web van desde que viene de murciélagos en un mercado, el cual no cuadra ya que los primeros pacientes no frecuentaban ese mercado, hasta que lo plantaron soldados fantasmas americanos en Wuhan, o que es simplemente una gripe estacional que mata a 15 mil en España en un mes o a 10 mil en 2 semanas en Italia. ¿Sospechoso? ¿no?

LA NACIÓN DEL CORONAVIRUS

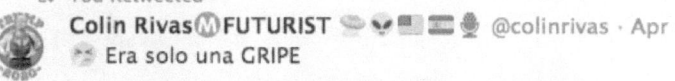

En enero en un show de mas de 5 mil oyentes en mi canal el 15 de enero anuncié la peligrosidad del virus chino y sus repercusiones económicas.

LA NACIÓN DEL CORONAVIRUS

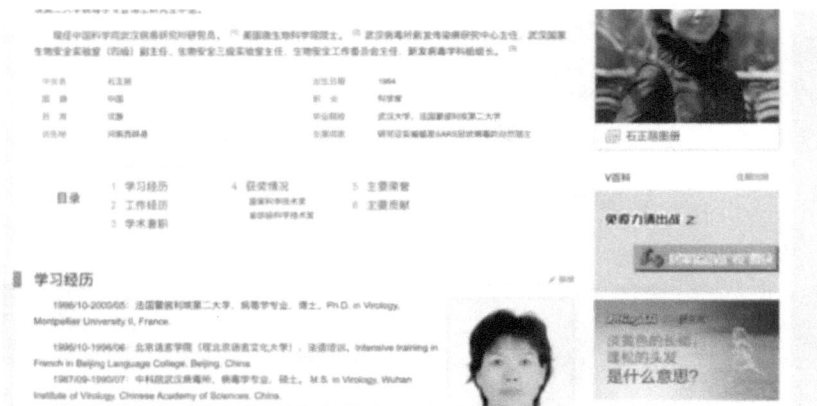

Shi Zhengli, conocida como la "mujer murciélago" de China por sus expediciones de caza de virus en cuevas de murciélagos, ha desaparecido del website del biolab nivel 4 de Wuhan.
Crédito: Instituto de Virología Wuhan.

EL PACIENTE CERO EN EL LABORATORIO DE WUHAN, CHINA

La culpa única y exclusivamente la tiene China, no la tiene ni los trumpistas, ni los socialistas ni los comunistas, aunque han actuado tarde excepto por Rusia, Taiwan, Mongolia, Sur de Corea y japón ya que conocen bien a China. Esto comienza cuando los chinos traen patogenos de Africa, Norteamerica y Reino Unido entre otros paises con sus servicios secretos y científicos afines al regimen del CCP chino comunista.

Pero buscando en los registros chinos sea el instituto de virologia de Wuhan o el gobierno chino, nos encontramos con anuncios de trabajo que pedían en Wuhan en Junio 2018 y 2019 y posteriormente en Octubre y Diciembre de 2019 ya para arreglar el desaguisado de la liberación del virus, con cientificos como la que denominan Bat Woman- la mujer murcielago Shi Zhengli y el catedratico ya mencionado Peng Zhu.

LA NACIÓN DEL CORONAVIRUS

En Enero salía un articulo en el scietific american sobre la mujer murciélago que refrenda lo que digo titulado *"Cómo la "mujer murciélago" de China cazó virus del SARS nuevo coronavirus"* El virólogo con sede en Wuhan Shi Zhengli ha identificado docenas de virus mortales similares al SARS en cuevas de murciélagos, y advierte que hay más por ahí…

Las misteriosas muestras de pacientes llegaron al Instituto de Virología de Wuhan a las 7 p.m. el 30 de diciembre de 2019. Momentos después, sonó el teléfono celular de Shi Zhengli. Era su jefe, Peng el director del instituto. El Centro para el Control y la Prevención de Enfermedades de Wuhan había detectado un nuevo coronavirus en dos pacientes del hospital con neumonía atípica, y quería que el reconocido laboratorio de Shi investigara.

LA NACIÓN DEL CORONAVIRUS

Si se confirmó el hallazgo, el nuevo patógeno podría representar una grave amenaza para la salud pública, porque pertenecía a la misma familia de virus transmitidos por murciélagos que causó el síndrome respiratorio agudo severo (SARS), una enfermedad que atormentó a 8.100 personas y mató a casi 800 de ellos todos asiáticos entre 2002 y 2003. *"Deje lo que esté haciendo y lidie con eso ahora"*, recuerda la directora.

Shi, una viróloga que sus colegas llaman a menudo la "mujer murciélago de China" debido a sus expediciones de caza de virus en cuevas de murciélagos en los últimos 16 años, salió de la conferencia a la que asistía en Shanghai y se subió al siguiente tren de regreso a Wuhan *"Me preguntaba si [la autoridad municipal de salud] se equivocó"*, dice ella. *"Nunca había esperado que este tipo de cosas ocurrieran en Wuhan, en el centro de China"*. Sus estudios habían demostrado que las áreas subtropicales del sur de Guangdong, Guangxi y Yunnan tienen el mayor riesgo de que los coronavirus salten de los animales a los humanos, particularmente los murciélagos, un reservorio conocido para muchos virus. Si los coronavirus fueran los culpables, recuerda haber pensado: **"¿podrían haber venido de nuestro laboratorio?"**

Mientras que el equipo de Shi en el instituto de la Academia de Ciencias de China se apresuró para descubrir la identidad y el origen del contagio, la misteriosa enfermedad se propagó como un incendio forestal.

LA NACIÓN DEL CORONAVIRUS

Al escribir estas líneas, alrededor de 81,000 personas en China han sido infectadas. De ese número, el 84% -siempre según el CCP comunista y sus datos- vive en la provincia de Hubei, de la cual Wuhan es la capital, y más de 3.100 han muerto. Fuera de China, alrededor de 100,000 personas en más de 100 países y territorios en todos los continentes, excepto en la Antártida e isla graciosa en Canarias, España, han contraído el nuevo virus y más de 1,200 han muerto.

Huang Ying Li paciente cero

Según fuentes cantonesas y la FREE HONG KONG PRESS, un estudiante del institto de virología de Wuhan protegido de la doctora Shi, es el paciente cero, o sea el primero que contrajo o le inocularon el virus. Según los cantoneses y prensa independiente china, HUang Li ha desaparecido no solo del website de la universidad y de oos registros sino tambien de la faz de la tierra. La prensa teoriza que ha sido cremado junto con Shi y Peng y otros.

Se atreven a afirmar que Shi inoculo el virus a varia gente voluntariamente y asi es como se escapó del laboratorio.

El caso es que los casos incrementaron a traves de esto en menos de un , y la gente empezo a morir de neumonia bilateral o exactamente de depravacion de oxigeno que despues junto al ventilador causa la neumonia crónica y falleces.

LA NACIÓN DEL CORONAVIRUS

The web page for the Wuhan Institute of Virology's Lab of Diagnostic Microbiology does indeed still have "Huang Yanling" listed as a 2012 graduate student, and her picture and biography appear to have been recently removed — as have those of two other graduate students from 2013, Wang Mengyue and Wei Cuihua.

arriba Huang Li ya fallecido y desaparecido de la web wuhan

El virus se pega a los receptores de ACE2 que lo poseen en mayor cantidad los asiaticos, asiaticos de asia menor, arabes y sobre todo la gente de avanzada edad. Hay infromes cientificos que los Afriacanos y caucasicos sanos y sobre todo los menores de 30 años no lo tienen o no lo ahn desarollado , de ahí que veremos un aumento de fallecimientos en la poblacion de pensionistas y ancianos más que en la poblacion joven.

Shi recolectó muestra tras muestra del virus de los vampiros chinos y no encontró rastro de material genético de coronavirus. Fue un duro golpe. *"Ocho meses de arduo trabajo parecían haberse ido por el desagüe",* dice Shi. *"Pensamos que a los coronavirus probablemente no les gustaban los murciélagos chinos".*

LA NACIÓN DEL CORONAVIRUS

El equipo estaba a punto de darse por vencido cuando un grupo de investigación en un laboratorio vecino le entregó un kit de diagnóstico para analizar anticuerpos producidos por personas con SARS.

No había garantía de que la prueba funcionara para los anticuerpos de murciélago, pero Shi lo intentó de todos modos. "¿Qué tuvimos que perder?" ella dice. Los resultados excedieron sus expectativas. Las muestras de tres especies de murciélago herradura contenían anticuerpos contra el virus del SARS. *"Fue un punto de inflexión para el proyecto",* dice Shi. Los investigadores descubrieron que la presencia del coronavirus en los murciélagos era efímera y estacional, pero una reacción de anticuerpos podría durar de semanas a años. Por lo tanto, el kit de diagnóstico ofreció un valioso indicador sobre cómo cazar secuencias genómicas virales.

El equipo de Shi utilizó la prueba de anticuerpos para reducir ubicaciones y especies de murciélagos para buscar estas pistas genómicas. Después de recorrer el terreno montañoso en la mayoría de las docenas de provincias de China, los investigadores centraron su atención en un lugar: la cueva Shitou, en las afueras de Kunming, la capital de Yunnan, donde realizaron muestreos intensos durante diferentes estaciones durante cinco años consecutivos.

LA NACIÓN DEL CORONAVIRUS

arriba la web del laboratorio con los nombres y fotos anteriores ofrece una hoja en blanco. Gracias wayback time la hemos recuperado.

Los esfuerzos valieron la pena. Los cazadores de patógenos descubrieron cientos de coronavirus transmitidos por murciélagos con una increíble diversidad genética. "La mayoría de ellos son inofensivos", dice Shi. Pero docenas pertenecen al mismo grupo que el SARS. Pueden infectar células pulmonares humanas en una placa de Petri, causar enfermedades similares al SARS en ratones y evadir vacunas y medicamentos que funcionan contra el SARS.

Por lo tanto, tenemos una doctora de Wuhan, internacional, manipulando geneticamente pruebas de genoma de murcielagos, desaparece ella, su colega y sus estudiantes inoculados. El brot empieza a lado del laboratorio de alto riesgo biologico nivel 4 y el único de China.

LA NACIÓN DEL CORONAVIRUS

¿Cuáles son las posibilidades de un brote de un sitio de bioarmas en toda china que hacen y manipulan patógenos de murcielagos? Muy altas.

21 millones de cuentas de telefonía móvil desaparecieron en China en tres meses de pandemia

@DolarToday / Mar 29, 2020 @ 9:00 am

El recuento oficial de China es de 3.277 muertes por 81.171 infecciones hasta el martes, pero Epoch Times observó la preocupante desaparición de unos 21 millones de cuentas de teléfonos celulares en China en los últimos tres meses, una disminución sin precedentes que sugiere más muertes de las que Pekín está preparada a admitir.

LA NACIÓN DEL CORONAVIRUS

LA NACIÓN DEL CORONAVIRUS

CAPÍTULO VIII: LA OMS CHIRINGUITO DE LOS CHINOS Y GLOBALISTAS

«Tendremos nuestro nuevo orden mundial por la fuerza o por las buenas»
-James Warburg

Cómo la OMS se convirtió en cómplice del coronavirus de China

Beijing está presionando para convertirse en una superpotencia de salud pública, y rápidamente encontró un socio internacional dispuesto. Esto es porque China manufactura el 80% de las medicinas y material sanitario de occidente y son una potencia que controla todo esto. Y no te extrañes entonces que quieran controlar la OMS.

LA NACIÓN DEL CORONAVIRUS

Mientras que el nuevo coronavirus está cambiando el mundo, China está tratando de hacer lo mismo. Ya es un serio rival estratégico de los Estados Unidos con considerable influencia internacional, ahora se está moviendo a un nuevo campo: la salud.

Después de las negaciones y encubrimientos iniciales, China contuvo con éxito el brote de COVID-19, pero no antes de que hubiera exportado muchos casos al resto del mundo y matado a millones en su propio país. Hoy, a pesar de las falsedades que transmitió inicialmente, que desempeñaron un papel fundamental en el retraso de la respuesta global, está tratando de aprovechar su reputada historia de éxito en una posición más sólida en los organismos internacionales de salud.

Más críticamente, Beijing logró desde el principio dirigir la Organización Mundial de la Salud (OMS), que recibe fondos de China y depende del régimen del Partido Comunista en muchos niveles. Sus expertos internacionales no tuvieron acceso al país hasta que el Director General Tedros Adhanom visitó al presidente Xi Jinping a fines de enero. Antes de eso, la OMS estaba repitiendo acríticamente información de las autoridades chinas, ignorando las advertencias de los médicos taiwaneses, no representados en la OMS, que es un organismo de las Naciones Unidas, y reacios a declarar una *"emergencia de salud pública de interés internacional"*, que negó después de una reunión en enero. 22 que había alguna necesidad de hacerlo.

LA NACIÓN DEL CORONAVIRUS

EL VIRUS DE WUHAM ›
La OMS reprocha a los países que cierren fronteras con China

El organismo urge a los países con "altos recursos" a compartir la información sobre los casos en su territorio

ORIOL GÜELL
Barcelona - 5 FEB 2020 - 15:34 CET

China no fue solo el que controló la informacion desde el principio sino tambien al jefe de la OMS Tedros, el cual colocó en 2017 pagando millones. Tedros es un peligroso comunista de Etiopía violento y buscado por Eritrea. Ademas, no solo impidió y aconsejó a los países occidentales que no cerrarn fronteras, sino como denominar el virus covid19 no virus chino y que aceptaran vuelos desde Wuhan y China en Italia y España y sobre todo Londres y EE UU.

Rusia, Japón, taiwan, Hong Kong y Mongolia y Corea lo primero que hicieron fue cerrar fronteras, y por eso a día de hoy no tienen ni epidemia ni pandemia y dudo que la tendrán , anoser fumiguen con aerosol el virus chino en sus países. Pero conocen a China como si la hubiesen parido. Y de ahí su desconfianza con China les ha ayudado a que haya unos cientos de contagios nada más y casi ninguna muerte.

LA NACIÓN DEL CORONAVIRUS

El Director General de la Organización Mundial de la Salud, Tedros Adhanom Ghebreyesus, ganó sus elecciones de 2017 con el respaldo de China. Tedros ahora está cubriendo la campaña de propaganda de China negando la responsabilidad del brote. Tedros elogió la "transparencia" de China y dijo que la respuesta de China al virus fue un modelo para otras naciones, aunque China intentó encubrir el brote del virus y silenció a los denunciantes. Tedros es el primer jefe de la OMS que no es médico y fue acusado de encubrir tres epidemias diferentes de cólera como ministro de salud de Etiopía.

El Director General de la Organización Mundial de la Salud (OMS), Tedros Adhanom Ghebreyesus, ganó su puesto después de que China lo respaldara en las elecciones de mayo de 2017. Ahora, Tedros está liderando a la OMS, un brazo de las Naciones Unidas, para proporcionar cobertura al régimen opresor de China mientras intenta eludir la responsabilidad de la pandemia mundial de coronavirus.

A pesar de todas las evidencias de lo contrario, las autoridades chinas están tejiendo una contrapartida falsa en la que China fue en realidad víctima de un virus extranjero que rápidamente tuvo que contener. Y la OMS los está ayudando a hacerlo. Tedros elogió la "transparencia" de China y sostuvo al país como una respuesta modelo, a pesar de que el régimen comunista cubrió y luego ocultó la gravedad del brote.

LA NACIÓN DEL CORONAVIRUS

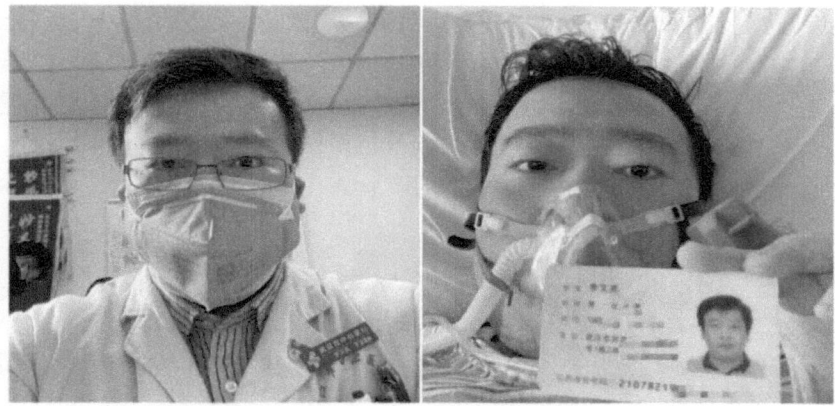

Wenliang, de 34 años, oftalmólogo en el Hospital Central de Wuhan, les contó por primera vez a sus amigos sobre una infección viral que se propaga por el distrito a través de mensajes privados el 30 de diciembre

Las autoridades chinas obligaron a los científicos que descubrieron el virus en diciembre a destruir la prueba del virus, informó el periódico británico The Sunday Times. El régimen chino también castigó a los médicos que intentaron advertir al público en las primeras etapas del brote y suprimió la información sobre el virus en línea. Un magnate inmobiliario chino que criticó la respuesta de su gobierno ha desaparecido.

Li Wenliang había enviado un mensaje por primera vez a sus amigos sobre el coronavirus el 31 de diciembre. Después de que sus conversaciones se volvieron virales, las autoridades chinas lo acusaron de difundir rumores. Wenliang contrajo la enfermedad mientras trataba a un paciente y murió el 6 de febrero.

LA NACIÓN DEL CORONAVIRUS

Aproximadamente siete millones de personas abandonaron Wuhan en enero, propagando el virus por toda China y por todo el mundo, antes de que China restringiera los viajes a Wuhan el 22 de enero, informó el domingo The New York Times.

Un estudio dijo que "*si las intervenciones en [China] pudieran haberse realizado una semana, dos semanas o tres semanas antes, los casos podrían haberse reducido en un 66 por ciento, 86 por ciento y 95 por ciento respectivamente, lo que limita significativamente la propagación geográfica de la enfermedad.*"

La OMS se hizo eco de los falsos puntos de conversación de China sobre el potencial de infección entre humanos durante las primeras etapas del brote. "Las investigaciones preliminares realizadas por las autoridades chinas no han encontrado evidencia clara de transmisión de persona a persona de la novela #coronavirus (2019-nCoV) identificada en #Wuhan, #China", tuiteó la OMS el 14 de enero.

Al día siguiente, el primer paciente documentado de coronavirus de Estados Unidos regresó a los EE. UU. Después de viajar a Wuhan, según la línea de tiempo de los Centros para el Control y la Prevención de Enfermedades. Tedros elogió el manejo desastroso de China de la pandemia como un ejemplo para el resto del mundo a seguir. "China está estableciendo un nuevo estándar para la respuesta al brote", dijo el 30 de enero, poco después de regresar de un viaje a Beijing.

LA NACIÓN DEL CORONAVIRUS

"*Tedros aparentemente hizo la vista gorda ante lo que sucedió en Wuhan y el resto de China y, después de reunirse con Xi en enero, ayudó a China a minimizar la gravedad, la prevalencia y el alcance del brote de COVID-19*", dijo la Universidad de Texas. El profesor de San Antonio, Henry Thayer, y el vicepresidente de Iniciativas de Poder Ciudadano para China, Lianchao Han, escribieron en un artículo de opinión publicado el 17 de marzo en The Hill.

La pareja pidió a Tedros que renuncie y agregó: "Desde el principio, Tedros ha defendido a China a pesar de su grave mal manejo de la enfermedad altamente contagiosa. A medida que el número de casos y el número de muertes se dispararon, la OMS tardó meses en declarar el brote de COVID-19 como una pandemia, a pesar de que había cumplido los criterios de transmisión entre personas, altas tasas de mortalidad y propagación mundial ".

La OMS ahora está promocionando las afirmaciones de China de haber reducido el número de nuevas infecciones en Wuhan a cero. Pero los funcionarios chinos están, una vez más, falsificando los números con fines de propaganda, dijo un médico de Wuhan a la compañía de medios japonesa Kyodo News.

La estrecha relación de Tedros con China no es nueva. Trabajó estrechamente con China durante su tiempo como ministro de salud de Etiopía, y China respaldó la candidatura de Tedros en 2017 por el director general de la OMS, señalaron los medios de comunicación en ese momento.

LA NACIÓN DEL CORONAVIRUS

Tedros ganó las elecciones a pesar de las acusaciones ampliamente cubiertas de que cubrió tres epidemias diferentes de cólera como ministro de salud en Etiopía. Aunque dice "Dr. Tedros ", el jefe de la OMS no es médico, pero tiene un doctorado en salud pública. Pocos meses después de asumir el cargo en la OMS, Tedros recurrió al ex dictador de Zimbabwe Robert Mugabe, un notorio violador de los derechos humanos, para ser embajador de buena voluntad de la ONU y solo se retiró después de una protesta internacional.

"Los diplomáticos dijeron que el nombramiento [de Mugabe] fue una recompensa política de Tedros Adhanom Ghebreyesus - el primer director general africano de la OMS - a China, un aliado de Mugabe desde hace mucho tiempo, y los aproximadamente 50 estados africanos que ayudaron a asegurar la elección de Tedros antes de este año ", escribió la columnista del Sunday Times Rebecca Myers en octubre de 2017.

"Los diplomáticos chinos habían hecho una fuerte campaña por el etíope, utilizando la influencia financiera de Beijing y el opaco presupuesto de ayuda para generar apoyo para él entre los países en desarrollo", agregó.

La columnista del Washington Post, Frida Ghitis, señaló de manera similar en ese momento que China *"trabajó incansablemente entre bastidores para ayudar a Tedros a derrotar al candidato del Reino Unido para el trabajo de la OMS, David Nabarro. La victoria de Tedros también fue una victoria para Beijing, cuyo líder Xi Jinping ha hecho público su objetivo de flexionar los músculos de China en el mundo "*.

LA NACIÓN DEL CORONAVIRUS

NEGLIGENCIAS BIOLOGICAS Y QUIMICAS DE LOS CHINOS

LOS DAÑOS HUMANOS Y MEDIOAMBIENTALES DEL CRECIMIENTO ECONÓMICO

Explosiones químicas en China

El 21 DE MARZO de 2019, coincidiendo con la visita a Europa del presidente chino Xi Jinping, una explosión se cobró la vida de 78 personas y dejó 566 heridos en la planta química de la compañía Jiangsu Tianjiayi Chemical (JTC), en Yancheng (provincia de Jiangsu), a 250 kilómetros al noroeste de Shanghái. Esta fue la primera explosión que se produjo desde que comenzara el año del cerdo (según el calendario chino). Pero no fue la única, a lo largo del año se produjeron muchas más (1). En esta planta, que se construyó en el año 2007 cerca de una estación de trenes, trabajaban 195 operarios y se producía ácido 3-hidroxibenzoico, usado en la fabricación de parabenos (conservantes que se encuentran en cosméticos, fungicidas y agentes antimicrobianos), polímeros termoplásticos y anisol, un compuesto que se emplea en perfumería.

* Profesor universitario y miembro de la Academia Tunecina de Ciencias, Letras y Artes Bayt al-Hikma (Cartago).

Los dirigentes chinos deben hacer frente a una contradicción: la industria química es contaminante y peligrosa para la población, pero constituye uno de los motores esenciales del crecimiento.

POR MOHAMED LARBI BOUGUERRA *

La fábrica emitía humos tóxicos que invadían toda la ciudad. Dado que el perjudicial efecto de estos gases sobre el aire y el agua preocupaba a la población, el Ayuntamiento de Yancheng se vio obligado a realizar unos análisis. La Agencia de Protección Medioambiental de Jiangsu detectó en las muestras de agua extraídas de un río cercano la presencia de químicos tóxicos en concentraciones 111 veces superiores a las establecidas por los estándares locales.

El comité, que fue constituido por el Gobierno Popular Central (el máximo órgano del poder ejecutivo chino) tras el trágico incidente, consideró que hubo una "falta de seriedad" por parte de las autoridades locales de Jiangsu a la hora de aplicar las leyes. Además, constató que a la JTC se le concedió carta blanca para que prosiguiera desarrollando su actividad industrial a pesar de haber recibido una gran cantidad de multas por infringir las medidas de seguridad. En abril de 2019, clausuraron el complejo industrial y arrestaron a una veintena de directivos de la empresa y funcionarios públicos. En noviembre del mismo año, dos vicegobernadores de Jiangsu recibieron un apercibimiento.

(CONTINÚA EN LA PÁGINA 20)

(1) La prensa ha documentado varios incidentes, los cuales cabe destacar los siguientes: el del 31 de marzo en Kunshan (provincia de Jiangsu), con 7 muertos; el del 19 de julio en Yiwu (provincia central de Henan), con 15 muertos; el del 15 de octubre en una pequeña ciudad de la región autónoma uyuria de Guangxi, con 4 muertos, y los del 3 de diciembre en el condado de Longzhou (Guangxi), con 2 muertos, y en la zona residencial de Nislanshie, en el distrito pekinés de Shunyi, con 4 muertos.

en cadena en China

pasó de 140 000 en 2002 a 34 000 en 2018. No obstante, Sun Huashan, viceministro encargado de la coordinación en las situaciones de emergencia, señala que "la industria del carbón ha experimentado una mejora en ese sentido, mientras que en el sector químico los accidentes laborales graves tienden a aumentar". Entre enero y agosto de 2019, tuvieron lugar "tres accidentes graves que acabaron con la vida de 103 personas", sin mencionar los restantes, que fueron menos espectaculares (7). La mayoría de las víctimas eran trabajadores pobres provenientes de zonas rurales. Tal es la gravedad de la situación que las empresas que se libran de las explosiones y los accidentes de trabajo celebran públicamente y con gran fausto este logro. En agosto de 2016, por poner un ejemplo, el fabricante de productos cosméticos de Shanghái Jahwa Project celebró su "millón de horas trabajadas por empleado que no ha sufrido lesiones y, por tanto, sin retrasos en la planificación [indicador Lost Time Injury (LTI)]".

UN AGUA NO APTA PARA TODO USO

La terminal de contenedores de la Rui Hai International Logistics en Tianjin, del mismo modo que la de la JTC en Yancheng, estaba demasiado cerca de las viviendas. Fue, además, la noche del 12 de agosto de 2015, almacenaba 3 000 toneladas de productos peligrosos, lo cual superaba con creces la cantidad permitida. Entre esas 3 000 toneladas, había 1 300 toneladas de nitrato de amonio. Es decir, la cantidad de este fertilizante era 500 veces superior a la que se utilizó en 1995 en el atentado de Oklahoma City, en Estados Unidos (168 muertos y 600 heridos). Un año antes del accidente, en una inspección rutinaria se detectaron 4 2o1 toneladas de productos peligrosos.

A raíz de este desastre, las autoridades, que sospechaban que la compañía usó el soborno con tal de obtener licencias para la tenencia de sustancias químicas peligrosas -además de presentar irregularidades en la gestión- iniciaron una serie de investigaciones. Por consiguiente, doce miembros y empleados administrativos fueron detenidos. Entre ellos figuraba Yu Xuewei, el propietario principal de la Rui Hai -fundada en noviembre de 2012- y miembro del consejo de administración del conglomerado estatal Sinochem. Aun así, Yu y su socio, Dong Shexuan, encubrieron la compra ilegal. El padre de Shexuan es el exjefe de la Policía Portuaria y a él se le facilitó la obtención de las licencias gracias a la cooperación del servicio de bomberos y de protección del medio ambiente.

También arrestaron a once funcionarios acusados de soborno. Entre ellos se encontraba Yang Dongliang, que fue teniente de alcalde de Tianjin y, anteriormente, director de la Administración Estatal de Seguridad Laboral. Dongliang fue expulsado del PCCh, lo que puso al descubierto el vínculo que existe entre la empresa y el Gobierno local. Unos meses después, en septiembre de 2016, Huang Xingguo, alcalde de Tianjin y secretario ad interim del PCCh de la ciudad, también fue encarcelado por cohecho.

El XIII Plan Quinquenal de China (2016-2020), que tiene como objetivo fomentar medidas políticas nacionales para tener "agua limpia y montañas exuberantes", ha supuesto un gran avance del Gobierno chino en materia de protección ambiental. En 2018, el plan desembocó en la prohibición de las importaciones de residuos plásticos procedentes de los países occidentales. El Ejecutivo chino implantó licencias para instalar fábricas y fomentó la reubicación de los centros de producción químicos en polígonos industriales estatales. Así fue como se construyó el gigantesco Parque Industrial Químico de Shanghái (SCIP, por sus siglas en inglés), el primero de esta índole en Asia, especializado en la fabricación de productos químicos finos y petroquímicos de calidad reconocida mundialmente. Según Greenpeace, en 2017 "el 85% de las aguas fluviales de Shanghái" no eran "aptas para bañarse ni para uso industrial, y cerca del 60% no eran aptas para el consumo humano" (8). El 92% de la población china respiraba durante más de 120 horas anuales aire nocivo, según la normativa de la Organización Mundial de la Salud. Además, la contaminación atmosférica causaba la muerte prematura de "1,6 millones de chinos al año, lo que equivale al 17% de todas las defunciones registradas en el país" (9).

REESTRUCTURACIÓN DE LA INDUSTRIA QUÍMICA

Desde agosto de 2017, las directrices del Gobierno chino -denominadas "circular 77"- exigen el traslado de aquellas fábricas (tanto nacionales como extranjeras) que produzcan las sustancias enumeradas en el "catálogo de productos químicos peligrosos". Las empresas tienen hasta finales de 2020 para trasladarse a los polígonos estatales (para las que manipulan sustancias menos peligrosas el plazo se alarga hasta 2025). El Gobierno de Pekín ha pedido a las autoridades provinciales y a los ayuntamientos que ayuden económicamente a las sociedades, que trasladen a sus empleados y que impartan formación profesional a los que no puedan trabajar en las nuevas instalaciones (10). De momento,

no se ha realizado ningún avance sobre la situación.

El nuevo reglamento ha tenido por objeto a las grandes petroquímicas y centros de producción de polímeros y productos intermedios, que disponen de los medios necesarios para regular las emisiones y el tratamiento de efluentes (líquidos residuales). Por el contrario, si ha tenido un influjo notable sobre la miríada de pequeñas plantas de producción de pesticidas, colorantes, tensioactivos, aditivos alimentarios, etc., empleados en la agricultura y para el consumo local. Miles de estas pequeñas fábricas del sector privado han sido precintadas, aunque la producción nacional no se ha resentido mucho. En la provincia oriental de Shandong, por ejemplo, el cierre del 25% de las fábricas solo ha provocado un descenso del 5% en la producción. Los expertos de la consultoría McKinsey & Company Chemicals prevén que, entre los próximos tres y cinco años (11), las autoridades implementarán rigurosamente la nueva normativa en las zonas que necesitan un "cambio radical", es decir, en los polígonos industriales que manufacturan la mitad de los productos químicos de China. Sin ir más lejos, en 2017 y 2018, la elaboración de pesticidas, glutamato de sodio y colorantes disminuyó entre un 30 y un 40%, lo cual supuso una subida de los precios.

Otra consecuencia que tendrán las directivas gubernamentales es una posible reestructuración de la industria química en aquellas firmas que sean capaces de digerir los elevados costes de explotación que conlleva la nueva situación medioambiental. Las empresas privadas y públicas, en colaboración con las multinacionales extranjeras, ven cómo se extiende ante ellas una amplia vía para invertir en la I+D y crear productos sintéticos. También tendrán acceso a los nuevos procesos tecnológicos que ofrece la profusa investigación científica china (12) y al plan estratégico "Made in China 2025", que tiene como objetivo desarrollar industrias punteras, como las baterías de flujo redox de vanadio, las pilas de hidrógeno, los superordenadores, etc.

La reubicación de las fábricas viene de la mano del éxodo de los jornaleros, para los que una experiencia dura y complicada. El poeta Yang Lian, en el prólogo de un poemario del obrero Guo Jinniu, describe de la siguiente manera la masiva emigración obrera de "proletarios nómadas". "Un mundo de gente muda, pueblos abandonados, en los que hay una infinitas mareas de jóvenes que dan la espalda a su casa, a lo que es su hogar, para desembocar en caóticas e infecundas ciudades cual desiertos, para verse atrapados en un miserable entorno laboral perteneciente a las clases más bajas de la sociedad y por ende, para tener un modo de vivir ínfimo mucho más afligido y triste que el mundo que los rodea" (13). ■

MOHAMED LARBI BOUGUERRA

(7) Hou Liqiang, "Casualties from natural disasters, workplace accidents fall sharply", China Daily, Pekín, 19 de septiembre de 2019.
(8) "Nearly half of Chinese provinces miss environmental targets, 85% of Shanghai's river water not fit for human contact", Greenpeace East Asia, Kowloon, 1 de junio de 2017.
(9) "Killer air", Berkeley Earth, agosto de 2015, www.berkeleyearth.org.
(10) Jean-François Tremblay, "Relocating chemical plants in China", Chemical and Engineering News, vol. 95, n° 36, 21 de septiembre de 2017.
(11) Sheng Hang, Yifan Yu, Xiaorong Li y Nan Liu, "China's chemical industry: New strategies for a new era", McKinsey & Company Chemicals, marzo de 2019.
(12) "US and China in close race for top spot on global R&D", Chemical and Engineering News, vol. 98, n° 1, 13 de enero de 2020.
(13) Alain Badiou, 365 One-vers des Jinniu, Isabelle du chrono, Bayard, París, 2019.

LA NACIÓN DEL CORONAVIRUS

CAPÍTULO IX: ¿QUIÉN ES EL CULPABLE?

Durante los últimos 6 ultimos años, llevo investigando una serie de programas de televisión llamados MEDICAL MAFIA y una de las cosas más frustrantes es cuando me encuentro con un médico que TIENE MIEDO DE DECIR LA VERDAD porque su hipoteca, sus facturas domésticas, su familia y sus hijos 'la educación se basa en que continúen recibiendo sus salarios ...

De hecho, en muchos casos, los médicos realmente reciben 'PAGOS DE BONIFICACIÓN' de los fabricantes de vacunas, o reciben vacaciones de fin de semana de lujo con todos los gastos disfrazadas como 'conferencias' sobre diversos temas médicos.

LA NACIÓN DEL CORONAVIRUS

Debido a que estos médicos no están en condiciones de hablar, lo hago por ellos, y así, con la vacuna policial para Covid19- LA CUAL TRUMP YA SE HA PRONUNCIADO EN CONTRA DE ELLA- a la vuelta de la esquina, quiero decir esto:

"POLÍTICA, EL PODER JUDICIAL, POLICÍA, CIA, LOS MEDIOS PRINCIPALES Y EL ESTABLISHMENT MÉDICO - INCLUIDOS LOS JEFES DE FABRICANTES DE DROGAS - SON PROPIETARIOS DE PERSONAS QUE CREEN QUE SON LAS 'PERSONAS ELEGIDAS' Y EL RESTO DE NOSOTROS SOMOS ABOMINACIONES DE LA CREACIÓN. EN EL MEJOR CREEN QUE 'DIOS' CREÓ HUMANOS COMO ESCLAVOS Y SIERVOS PARA HACER RICO A ESTA ÉLITE 'ELEGIDA'. POR LO TANTO, CREEN QUE ESTÁN AL SERVICIO DE SU 'DIOS' AL MATAR, ENVENENAR, DEFRAUDAR, IMPEDIR Y MENTIR A MUCHOS DE NOSOTROS COMO POSIBLE "...

LA HISTORIA ME DA LA RAZÓN. Ahora es el momento de desenmascarar a estos especuladores y hablar con franqueza: su 'dios' que creen que perdona la esclavitud del 99% de la humanidad es obviamente el MAL. En segundo lugar, el hecho de que sean ricos no significa que sean más inteligentes que nosotros.

La PARANOIA, hasta el extremo, es un factor que gobierna sus vidas. Y creo que este es un momento crucial en la historia mundial.

LA NACIÓN DEL CORONAVIRUS

Han inventado leyes falsas para que sea ilegal criticarlas. Francamente, AHORA es el momento de bloquear el NOM. Esta situación del coronavirus es una o HACER UN MUNDO MEJOR Y RENACER o MORIR ESCLAVOS. El 'descanso' ocurre cuando una MASA CRÍTICA de personas VE A TRAVÉS DE SU MALDICIÓN COMPARTIENDO HILOS en redes sociales como esta y rechazando las vacunas obligatorias.

Los CRISPR GENE DRIVES son pequeñas 'máquinas' biogenéticas que se inyectan en las personas, buscan el ADN en cada célula, lo cortan y luego insertan ADN NUEVO en la brecha ... Por ejemplo, un CRISPR GENE DRIVE puede ser pre -programado para cortar la parte del genoma que le dice a las células que formen globos oculares, y esto significa que todos los bebés nacidos de personas que han sido inyectadas con CRISPR GENE DRIVE no tendrán ojos, el genoma se transmitirá PARA SIEMPRE - MÁS el Lo realmente malo es que los CRISPR GENE DRIVES también se hacen parte del ADN de una persona, como si fuera un órgano secreto no visto, por lo que CRISPR GENE DRIVES también se reproducen.

La tecnología CRISPR GENE DRIVE es una forma fundamentalmente nueva de crear seres modificados o frankensteins, y estos CRISPR GENE DRIVES ahora se están inyectando en MOSQUITOS. ¿Por qué? Porque miles de millones de personas son inyectadas cuando pica un mosquito y, por lo tanto, el Nuevo Orden Mundial usa mosquitos para 'vacunarnos' con estos CRISPR GENE DRIVES. Miles de mosquitos CRISPR GENE DRIVE se fabricaron en 2013, se hicieron sin consentimiento público, ni supervisión pública ...

LA NACIÓN DEL CORONAVIRUS

JEFFREY EPSTEIN era como un banco para cientificos involucrados en el desarrollo de CRISPR GENE DRIVE y quería que su cerebro y su pene se congelaran criogénicamente como un 'regalo' para la humanidad: esta es la megalomanía típica del 'Doctor Malvado' que se ve en las películas de James Bond, con el malo acariciando un gato blanco... Solo, que esto no es una película, esto es jodidamente real ...

Epstein tenía una fuerza aérea personal de aviones repletos de esclavas sexuales de colegialas que los altos políticos de ISRAEL, magnates, príncipes y duques molestaban y abusaban mientras estaban en el espacio aéreo internacional, evitando así la jurisdicción del FBI y la policía ...

LA NACIÓN DEL CORONAVIRUS

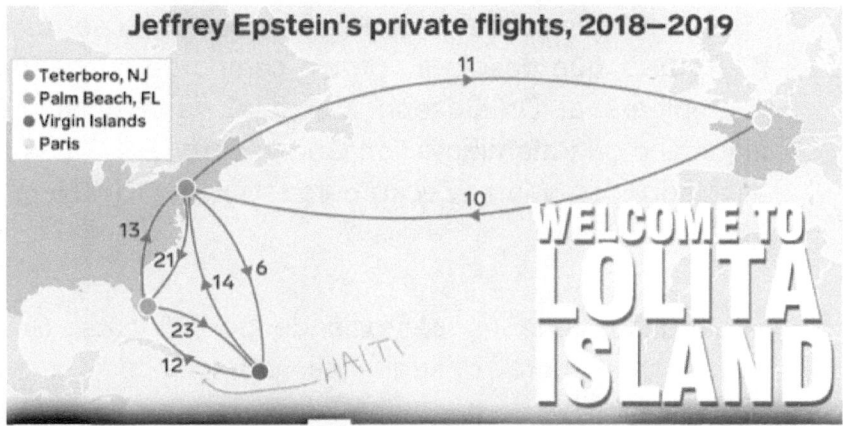

ESTAMOS AL BORDE DE UN ATAQUE DE NERVIOS: Para cualquier persona inteligente que haya seguido mi investigación, sería obvio que el peligro al que nos enfrentamos no es el virus, sino la vacuna, por lo que estamos en un tira y afloja: por un lado.

Por otro lado, tenemos el "miedo al proyecto" de los principales medios y, por otro lado, una campaña para informar y educar a la mayor cantidad de personas posible sobre los crímenes atroces de G. Farben Bayer Monsanto y hacia la colosal cantidad de familias que han sido heridas y asesinadas por varias 'vacunas' que, si ha leído mi libro, verá que NO son vacunas en absoluto; de hecho, Bayer vendió a sabiendas viales de sus productos sanguíneos que contienen SIDA en la década de 1980 causó la muerte de miles y miles y propagó el patógeno del SIDA a nivel mundial.

LA NACIÓN DEL CORONAVIRUS

Parece muy probable que Bayer [que solía ser parte de IG Farben, que poseía su propio campo de concentración y empleara al Dr. Joseph Mengele] va a colaborar en algún tipo de tratamiento con Coronavirus. Bill Gates se ha asociado con Mark Zuckerberg: ¿QUÉ PUEDE SALIR MAL?

La cuarentena no se extiende por el virus. Se está extendiendo para destruir los ingresos de la mayor cantidad posible de pequeñas empresas familiares. Es por eso que los pequeños restaurantes familiares en el continente europeo se ven obligados a cerrar, mientras que McDonalds tiene los negocios habituales.

El paquete financiero de 'rescate de emergencia' prometido por el primer ministro español es una farsa. Al menos Trump en su paquete de 2,3 trillones ha mandado cheques primero a los pequeños y mediados empresarios cosa que no ha sucedido aún en Europa y pretenden suplir con socialismo e impresión masiva de coroanbonos incontrolados.

El personal sanitario en Europa al contrario que su homologo en America se queja de que ni siquiera tienen máscaras protectoras. Esto, damas y caballeros, es lo que ustedes llaman POKER DOUBLE BLUFF. QED: ¿Cuánto tiempo pueden los globalistas mantener la cuarentena antes de que una masa crítica de personas DESPiERTEN y se den cuenta de que beneficia a GRANDES NEGOCIOS?

LA NACIÓN DEL CORONAVIRUS

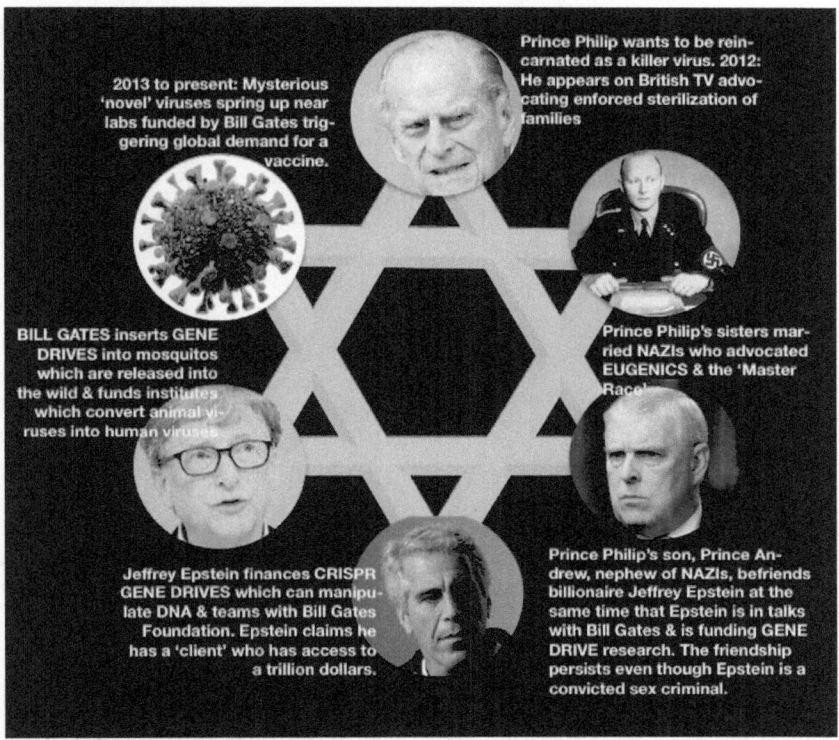

La élite ya ha hecho miles de millones en la primera ola de caídas del mercado de valores y divisas. Diseñaron el accidente, compraron las acciones y ahora están torciendo el cuchillo en las heridas infligidas en las pequeñas empresas. Mira a tu alrededor y PIENSA. ¿Cómo puede ser lógico que STREET MARKETS esté prohibido, pero que los SUPERMERCADOS propiedad de Elite aún estén abiertos?

¿Desde cuándo algún gobierno se ha preocupado por su conpatriotas y sus pequeñas empresas?

LA NACIÓN DEL CORONAVIRUS

Bill Gates y Mark Zuckerberg se unen con I.G. Farben

Me siento más seguro ahora que BILL GATES & MARK ZUCKERBERG se han asociado con IG FARBEN & BAYER-MONSANTO para hacer una vacuna. Me alegro de que les importe. (modo ironía)

Parece muy probable que Bayer [que solía ser parte de IG Farben, que poseía su propio campo de concentración y empleara al Dr. Joseph Mengele] va a colaborar en algún tipo de tratamiento con Coronavirus. LAS NUEVAS LEYES EXONERAN A LOS DOCTORES DE CUALQUIER LESIÓN O MUERTE CAUSADA POR ESTAS VACUNAS EXPERIMENTALES DE CORONAVIRUS.

Bayer posee la marca registrada 'Heroin' y vendió heroína como una cura para los TOS DE LOS NIÑOS, desencadenando una vida de adicción. Bayer solía llamarse IG Farben, que construía plantas químicas junto a Auschiwitz y otros campos de concentración y usaba prisioneros para fabricar productos químicos. armas y venenos, como los cristales de Zyklon B utilizados en cámaras de gas y en campos de batalla.

Zyklon B se comercializó en los EE. UU. desde oficinas dentro de la plaza Rockefeller, Nueva York. Entonces, ¿no estamos todos felices de que BILL GATES & MARK ZUCKERBERG realmente tengan lazos familiares y comerciales con los Rockefeller y I.G. ¿El doctor Mengele de Farben?

LA NACIÓN DEL CORONAVIRUS

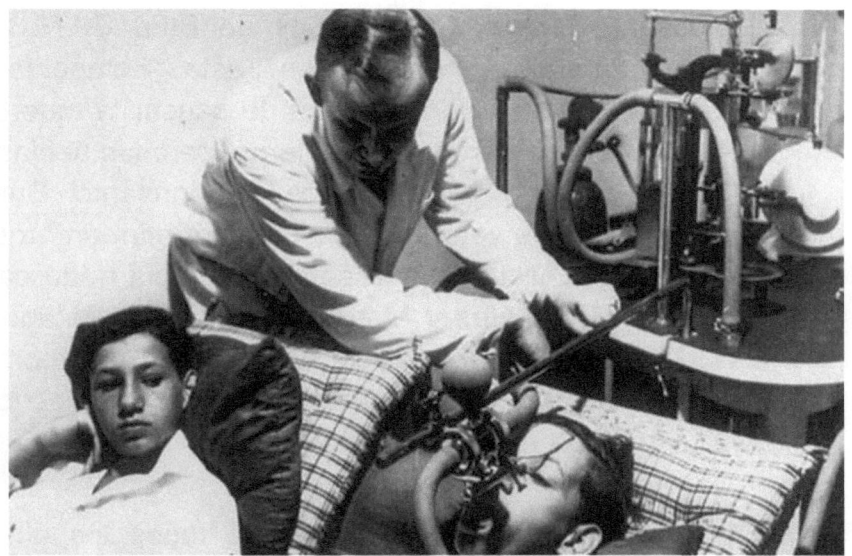

El ayudante de Mengele fue el Dr. Helmut Vetter, que era médico de las SS en Auschwitz. Estuvo involucrado en la prueba de vacunas y medicamentos experimentales en los reclusos.

El Dr. Helmut Vetter fue ejecutado por dar inyecciones letales a los niños cuyos compuestos incluían mercurio y formaldehído, COMO LAS VACUNAS MODERNAS DEL DÍA. Desafortunadamente, la compañía en la que invirtió la Fundación Bill Gates todavía está en el negocio de las vacunas y sigue causando lesiones y muerte ... Bayer en realidad vendió a sabiendas miles de viales de productos sanguíneos que contienen el virus del VIH y desencadenó una pandemia como llevo diciendo a lo largo de mi libro.

¿PIENSAS QUE PUEDEN HACERLO MEJOR CON LA NUEVA VACUNA DEL CORONAVIRUS?

LA NACIÓN DEL CORONAVIRUS

Monsanto recibió $23 millones de BILL GATES que compró 500,000 acciones en esta compañía de biogenética que ha sido acusada de causar la muerte de miles de millones de abejas melíferas, pero las abejas son la menor de las preocupaciones de Monsanto. Durante muchos años, los veteranos de Vietnam afirmaron que el AGENTE NARANJA de Monsanto les había dado cáncer ... Y ahora Bill Gates y Monsanto se han fusionado con BAYER, que solía ser parte de IGFarben, una corporación tan malvada que sus ejecutivos fueron juzgados como NAZI criminales de guerra...

¿Y, sin embargo, Bill Gates está todos los días en televisión promocionando sus diversas vacunas?

¿Permitirías que I.G. ¿Farben o Monsanto inyectarán una vacuna en el brazo de su hijo?

¿Y QUE SUCEDE CON EL 5G?

Aquellos que me seguís de hace tiempo, sabeis que he hecho multitud de videos y cartas denunciando la letalidad a largo plazo del 5G, el cual no solo produce sintomas parecido al catarro durante largas exposiciones sino tambien que daña la fauna y la vegetacion en aquellos lugares donde hay torres.

De eso a que produzca virus chino o Kung Flu hay un trecho. Dudo que produzca el virus chino pero si puede acrecentar las molestias y a largo plazo causar cancer y otras disfunciones neurologicas y orgánicas.

LA NACIÓN DEL CORONAVIRUS

En varias vencindades en el mundo occidental se ha comprobado que el 5g no solo mata a insectos animales y fauna sino tambien la vegetacion

LA NACIÓN DEL CORONAVIRUS

LAS TRIADAS CONTROLAN CHINA

China no solo está contrlada por globalistas comunistas alias el CCp sino que las triadas están detrás del gobierno, responsables de la tecnología 5G, el lavado de dinero robado a occidente y el tráfico de organos de tanto niños como adultos. Los chinos han sacado muestras de adn y sangre de sus poblacion para crear una base de donantes de organos. En la asociacion endtransplantabuse.org está todo muy bien explicado. Wuhan es la ciudad con más 5G.

Lo más grave del asunto sobre el virus chino es que en Octubre y Noviembre el CCP destruyó las pruebas y viales del virus covid 19 habiendo sido requeridas por la OMS y otros países occidentales para su estudio. Esto aparece en el articulo de los chivatos chinos de thehill.com de Marzo.

LA NACIÓN DEL CORONAVIRUS

Una mujer con una máscara protectora es vista más allá de un retrato del mandatario chino Xi Jinping en una calle cuando el país es golpeado por un brote de coronavirus, en Shanghai, China (Reuters)

Un reconocido bufete de abogados de **Florida, Estados Unidos**, presentó una demanda colectiva contra el **régimen chino** conducido por **Xi Jinping** por hacerlo responsable de la pandemia del **coronavirus COVID-19** que está causando estragos en la población mundial. Beijing "sabía que el COVID-19 era peligroso y capaz de causar una pandemia, pero actuó lentamente, proverbialmente metieron la cabeza en la arena y/o la taparon por su propio interés económico", dice el documento presentado por la firma **The Berman Law Group** ante una corte de aquel estado norteamericano.

"Un bufete de abogados presentó una demanda colectiva contra el régimen chino por causar la pandemia del COVID-19"

The Berman Law Group, una firma basada en Florida, Estados Unidos, hizo la denuncia porque Beijing "sabía que el coronavirus era peligroso y capaz de causar una pandemia"

LA NACIÓN DEL CORONAVIRUS

CRONOLOGÍA DEL VIRUS CHINO

+EL 12 DE OCTUBRE SE CONOCEN CASOS DE MUERTES POR NEUMONÍA INFECCIOSA EN WUHAN Y SUS ALEDAÑOS

+EL 15 DE NOVIEMBRE EL CCP EMPIEZA A SELLAR VARIOS BARRIOS Y POBLACIONES DE WUHAN

+13 DE DICIEMBRE ANUNCIOS PARA TRABAJAR EN UN VIRUS CORONA SE ANUNCIA EN WUHAN Y BEIJING A TRAVES DE PRENSA Y LA WEB DE VIROLOGÍA DEL CCP

+A FINALES DE DICIEMBRE SE EMPIEZA A AISLAR A TODA LA PROVINICA DE HUBEI Y SURGEN CASOS EN OTRAS PROVINCIAS, EL CCP REPORTA A LA OMS

+EL 29 DE DCIEMBRE LA OMS TIENE CONOCIMIENTO DE LA PANDEMIA DEL VIRUS CHINO PERO NO HACE NADA Y DA RECOMENDACIONES A ASIATICOS A VIAJAR A CHINOS FUERA DE CHINA

+A MITADES DE ENERO SE CREEN MUEREN MILLONES EN CHINA DEL VIRUS, PERO CHINAREPORTA UNOS MILES DE CASOS. LOS SATELITES TROPOSFERICOS DETECTAN ACTIVIDAD DE INCINERADORES EN VARIAS AREAS INCLUIDO HUBEI

+ FINALES DE ENERO LA OMS DECLARA EPIDEMIA DEL VIRUS EN CHINA Y ADEMÁS EL VIRUS SE EXTIENDE POCO A POCO POR EL PLANETA

+EN FEBRERO LOS CHINOS REPORTAN QUE EL VIRUS VIENE DE UN MERCADO DE WUHAN Y LA OMS SIGUE OCULTANDO DATOS Y ENCUBRIENDO A CHINA SIN DECLARAR PANDEMIA. BONOS DE SALUD OMS 400M SE SIGUEN VENDIENDO A LA ELITE FINANCIERA

+EN MARZO 2020 LA OMS DECLARA EL VIRUSCHINO PANDEMIA MUNDIAL

LA NACIÓN DEL CORONAVIRUS

Lo que los principales medios de comunicación NO TE CUENTAN sobre EL VIRUS CHINO

Los coronavirus se descubrieron por primera vez en la década de 1960, por lo que se conocen desde hace más de 50 años, pero los medios de defecación masiva quieren que pienses que se trata de una amenaza misteriosa y nueva.

Los primeros descubiertos fueron un virus de bronquitis infecciosa en pollos y dos en pacientes humanos con resfriado común (más tarde llamado coronavirus humano 229E y coronavirus humano OC43). Desde entonces, se han identificado otros miembros de esta familia de coronavirus, incluido el SARS-CoV en 2003, HCoV NL63 en 2004, HKU1 en 2005, MERS-CoV en 2012 y SARS-CoV-2 (anteriormente conocido como 2019-nCoV) en 2019. Y el nuevo hecho en el laboratorio como hemos mencionado.

¿ESTÁN ESTAS CEPAS DE CORONAVIRUS DISEÑADAS EN LABORATORIOS?
El Instituto de Investigación Scripps en California publicó un artículo en la revista PLOS Pathogens de James Paulson que analizó las mutaciones que podrían ocurrir en el genoma del virus de la gripe aviar H7N9.

LA NACIÓN DEL CORONAVIRUS

En particular, el Instituto de Investigación Scripps analizó una proteína llamada hemagglutanina, que se encuentra en la superficie de todos los virus de la influenza y se sabe que juega un papel clave para facilitar la entrada a las células huésped. La hemaglutanina es lo que representa la "H" en la gripe H1N1.

Existen varios subtipos diferentes de hemaglutanina de influenza, numerados de H1 a H16. Cada uno tiene una secuencia de aminoácidos específica que le permite unirse a receptores en tipos particulares de células, en diferentes tipos de animales.

Hasta ahora, se ha descubierto que los virus de la gripe humana, por ejemplo, tienen secuencias de hemagglutanina H1, H2 y H3. En contraste, los virus de la gripe aviar tienen secuencias que se unen principalmente a las células de las aves. Para ser capaces de propagarse de persona a persona, estos tendrían que cambiar la estructura para permitir una fuerte unión al tejido humano.

Para ver si esto era posible, Paulson y sus colegas cultivaron hemaglutanina en una línea celular experimental, identificando y propagando mutaciones de aminoácidos en el proceso. Descubrieron varias combinaciones diferentes de tres cambios de aminoácidos que alteraron la especificidad de la hemaglutanina de las células de las aves a las humanas.

Bingo.

LA NACIÓN DEL CORONAVIRUS

Un segundo experimento reveló que la proteína mutada era capaz de adherirse al tejido de la tráquea humana, lo que significa que podría convertirse en una PLAGA que se dirige a las vías respiratorias bronquiales ... Lo que es similar a la patología del Coronavirus que vemos hoy.

TRUMP Y LA PRENSA DIGITAL

Hace meses, el presidente Trump llevó al jefe de GOOGLE a la Oficina Oval. El jefe afirmó que Google no había reemplazado las noticias pro-Trump con las historias de Hillary y no había usado 'Google partidismo de izquierdas" para llevar a cabo una campaña política contra la voluntad democrática del pueblo estadounidense ... Pero Trump, y la gente, saben lo contrario ... De hecho, las raíces de una "estación de escucha" internacional al estilo de Google que viola la privacidad de millones de personas se remontan a un Príncipe NAZI.

NAZI SS Prinz Christoph Hesse era cuñado de la reina Isabel. Fue jefe de una red de espionaje durante la década de 1930 que reunió información para los nazis. Fue una especie de precursor de Google y el Sr. Fartburger de Fakebook, leyendo cada telegrama y grabando cualquier conversación telefónica que deseaba. Su red de espías del NAZIS, de estilo Fakebook, ayudó al Estado Profundo Real germano-germano a prepararse para la invasión de Checoslovaquia en 1939 y engañar al primer ministro británico Neville Chamberlain.

LA NACIÓN DEL CORONAVIRUS

Pero, como todos podemos ver ahora, Neville Chamberlain y muchos parlamentarios estuvieron involucrados activamente en una TAPADERA, pretendiendo estar 'negociando la paz', cuando en realidad eran APACIGUADORES, intentando activamente hacer que los británicos se dieran la vuelta y se hicieran los muertos , permitiendo que los soldados de asalto de las SS como el cuñado del duque de Edimburgo y el padre de la princesa Michael de Kent declaren a Gran Bretaña como un estado cautivo del Tercer Reich y sean gobernados desde Alemania, que es el plan a largo plazo de la Unión Europea.

Que ahora curiosamente, está a punto de desaparecer y desmembrarse en la crisis del virus chino.

No hay mal que por bien no venga. El chino que nos infectó nos puede salvar del gloablismo. La vida es compleja.

CAPÍTULO X: LA BATALLA DEL NUEVO DESORDEN MUNDIAL Y LA GUERRA DEL DINERO

Vivimos en tiempos emocionantes.

Lo desconocido que nos espera a todos es emocionante y aterrador. Emocionante a largo plazo, pero bastante aterrador a corto plazo. Todos los imperios finalmente mueren y estamos en la fase terminal del Nuevo Orden Mundial que no se recuperará del juego de ruleta rusa que ha estado jugando, porque Vladimir Putin le entregó un arma cargada y apretó el gatillo.

LA NACIÓN DEL CORONAVIRUS

Las últimas semanas pusieron a todos y cada uno en su lugar para la última batalla. Hay tantos hechos y eventos diferentes, izquierda y derecha, y trataré de hacer todo lo posible para mantenerme metódico en esta exposición complicada. Desnudo conmigo, he estado luchando durante tres semanas con este artículo debido a la increíble cantidad de detalles adicionales que proporciona cada día. Podría haber sido un mal momento para dejar de fumar, pero disfruto un buen desafío.

Gasta tu pasta rápido NO Ahorres

Se requiere un poco de contexto. El concepto del Nuevo Orden Mundial es simplemente el deseo de un puñado de banqueros internacionales centralistas que desean gobernar económica y políticamente todo el planeta como una familia feliz. Comenzó en 1773 y si pasó por cambios importantes a lo largo de los años, pero el concepto y el objetivo no han cambiado ni un ápice.

Desafortunadamente para ellos, los bancos internacionales que han estado saqueando el planeta a través del dólar estadounidense desde 1944 ahora están amenazados por la hiperinflación, ya que su máquina de impresión lleva girando durante años para cubrir sus gastos absurdos para sostener las guerras petroleras y de recursos que finalmente han perdido. Para evitar esta próxima hiperinflación, generaron un ataque de virus en cuatro países (China, Irán, Italia y ahora Estados Unidos)

LA NACIÓN DEL CORONAVIRUS

para propagar el pánico en la población, con la preciosa ayuda de sus medios ignominiosos. Aunque este virus chino no es diferente de los virus nuevos que atacan a los humanos cada año, el susto de los medios ha conducido a las personas a aislarse voluntariamente del miedo y el terror. Algunos han perdido sus empleos, las empresas se declararon en bancarrota, con ERTES en España e Italia y el pánico creó un colapso de la bolsa de valores que vació las carteras y los activos de la gente y el pequeño empresario que es el tejido de los países de occidente, lo que resultó en unos pocos billones de dólares virtuales del mercado para liberar la presión de la moneda.

Soy un evangelista del bitcoin y creo que en el cercano futuro, el bitcoin y las criptomonedas nos pueden ayudar a vencer a los banqueros y elite. La élite quiere subir los impuestos porque obviamente ellos lo pueden pagar y asi se deshacen de la competencia. Y tu nunca podrás competir con ellos.

Hasta ahora, todo bien, pero todo lo demás salió mal en este desesperado y último golpe. El mejor virólogo del planeta confirmó que los chinos usaban cloroquina con resultados espectaculares para curar a los pacientes, luego mejoró su poción mágica al agregar un antibacteriano pulmonar llamado azitromicina y salvó a todos sus primeros 1000 casos, pero uno. Donald Trump inmediatamente impuso el mismo tratamiento a través de una lucha contra su propia Administración Federal de Drogas, comprada y propiedad del estado profundo.

LA NACIÓN DEL CORONAVIRUS

Esto obligó a todos los medios a hablar sobre el Elixir Milagroso del Dr. Didier Raoult, firmando la sentencia de muerte por nuestra confianza en todos los gobiernos occidentales, sus agencias médicas, la Organización Mundial de la Salud y los medios que intentaban destruir la impecable reputación del médico, mientras inventaban repentinamente «*efectos secundarios peligrosos*» de un medicamento casi inofensivo que se ha usado durante 60 años para tratar la malaria.

No muy lejos en Alemania, el Dr. Wolfgand Wodarg, elogiado internacionalmente, señaló que el pánico de la ingeniería fue totalmente inútil, ya que este virus no es diferente de los otros que nos afectan cada año. Esta ha sido una victoria sorprendente para Trump y la población en general en las redes sociales, quienes expusieron juntas las mentiras patológicas de los canales de comunicación oficiales o los medios de defecación masiva de cada país del Nuevo Orden Mundial.

De hecho, la credibilidad de estos gobiernos títeres ha desaparecido en el aire, y desde el punto de vista de la tormenta, Italia seguramente saldrá de la UE justo después de la crisis, lo que desencadenará un efecto dominó en todos los países de la UE y miembros de la OTAN. Mis amigos, el globalismo está muerto y listo para la cremación.

LA NACIÓN DEL CORONAVIRUS

OTROS   CORONAVIRUS

Coronavirus: una recomendación de Trump, una mala interpretación y una muerte

La esposa del hombre fallecido se encuentra hospitalizada al automedicarse por "miedo de contraer la enfermedad" de Covid-19.

Por: Martín Zendrón
24-03-2020 - 16:15 hs

estos son algunos de los titulares para desprestigiar a Trump aconsejado por médicos de alto nivel. Un hombre se toma pastillas de cloro de piscina y culpan a Trump de ello. Así está la prensa de desesperada. Otros medios y científicos de hecho apoyan la cloroquina la cual ya ha curado a miles de persona en China, Alemania y Francia. abajo

ED economíaDigital Elige edición ▼

HOY | Coronavirus | Pedro Sánchez | Partido Popular | Italia | Estado de alarma | El Corte Inglés

Francia sueña con la cloroquina, medicamento contra el coronavirus

→ EEUU y Alemania luchan por derechos de la vacuna contra el coronavirus

→ Científicos piden más confinamiento para evitar el colapso sanitario

La cloroquina ya ha demostrado en Marsella que elimina el coronavirus en el 75% de los pacientes al cabo de seis días

LA NACIÓN DEL CORONAVIRUS

Los banqueros internacionales no pudieron verlo venir en 1991, cuando dominaron el 95% del planeta después de la caída de la Unión Soviética. Parecía que nada podría detener su misión final para completar su sueño orwelliano: destruir algunos países en el Medio Oriente, ampliar Israel y obtener el control total sobre el mercado mundial del petróleo, la última pieza de su rompecabezas Xanadu que han sido trabajando durante todo un siglo, comenzando con la declaración Balfour en 1917.

Cuando Vladimir Putin se hizo cargo de Rusia, no había señales de que lo haría mejor que el borracho que había reemplazado. Un ex oficial de la KGB parecía una opción más impulsada por la nostalgia que por la ideología, pero Putin tenía muchos más activos a su favor que los que se le aparecieron por primera vez: patriotismo, humanismo, sentido de la justicia, astucia, un genio amigo economista llamado Sergey Glazyev. quien despreciaba abiertamente el Nuevo Orden Mundial, pero, sobre todo, encarnaba la reencarnación de la ideología rusa perdida de independencia política y económica total.

Después de algunos años dedicados a drenar el pantano ruso de los oligarcas y los famosos que su tambaleante predecesor había dejado en su camino de botellas vacías, Vlad se puso las mangas y se puso a trabajar. Debido a que sus oponentes llevaban saqueando el planeta durante 250 años a través de la colonización asegurada por un dominio militar, Vlad sabía que tenía que comenzar construyendo una máquina militar invencible.

LA NACIÓN DEL CORONAVIRUS

Y lo hizo. Se le ocurrieron diferentes tipos de misiles hipersónicos que no se pueden detener, los mejores sistemas defensivos del planeta, los mejores sistemas electrónicos de interferencia y los mejores aviones. Luego, para asegurarse de que una guerra nuclear no fuera una opción, se le ocurrió algo de lo que están hechas las pesadillas, como el Sarmat, el Poseidón y el Avangard, todo imparable y capaz de destruir cualquier país en cuestión de horas.

Con un arsenal nuevo e inigualable, podría derrotar a cualquier fuerza de la OTAN o cualquiera de sus representantes, como lo hizo a partir de septiembre de 2015 en Siria. Él demostró a todos los países que la independencia del sistema bancario NWO era ahora una cuestión de elección. Putin no solo ganó la guerra siria, sino que ganó el apoyo de muchos países del Nuevo Orden Mundial que repentinamente cambiaron de bando al darse cuenta de lo invencible que se había vuelto Rusia.

LA NACIÓN DEL CORONAVIRUS

A nivel diplomático, también consiguió la poderosa China a su lado, y luego logró proteger a los productores de petróleo independientes como Venezuela e Irán, mientras que líderes como Erdogan de Turquía y Muhammad Ben Salman de Arabia Saudita decidieron ponerse del lado de Rusia, que no jugaba la mejor mano de póker, pero toda la baraja de cartas. Y ahora hasta Turquía es enemigo de Rusia.

Terminando, Putin ahora controla el poderoso mercado del petróleo, el recurso energético inevitable que lubrica las economías y los ejércitos, mientras que la OTAN de los banqueros solo puede mirar, sin ningún medio para recuperarlo. Con los resultados increíbles que Putin ha estado obteniendo en los últimos cinco años, el Nuevo Orden Mundial de repente parece un castillo de naipes a punto de desmoronarse. El Imperio de los bancos lleva herido y doliéndose durante más de cinco años, pero ahora está anestesiado, apenas se da cuenta de lo que está sucediendo.

Como no hay esperanza en comenzar la Segunda Guerra Mundial, que se perdió de antemano, el último as de la manga salió de los arbustos en forma de virus y la consiguiente creación en los medios de una pandemia falsa. El objetivo principal era evitar una hiperinflación catastrófica de la enorme masa de dólares estadounidenses que ya nadie quiere, tener tiempo para implementar su criptomoneda-esto no es el justo bitcoin ni el ethereum por ejemplo, las cuales los banqueros odian.

LA NACIÓN DEL CORONAVIRUS

Sino mundial virtual, como si los banqueros con problemas crónicos aún tuvieran legitimidad para seguir controlando nuestros suministros de dinero. . Al principio parecía que el plan podría funcionar. Fue entonces cuando Vlad sacó su revólver para comenzar el juego de ruleta rusa y los banqueros se volaron la cabeza al presionar el gatillo.

Llamó a una reunión con la OPEP y mató el precio del petróleo al negarse a reducir la producción de Rusia, llevando el barril a menos de 30 dólares. Sin ninguna idea de último momento y ciertamente menos remordimiento, Vlad mató la costosa producción de petróleo occidental. Todos los dólares que habían sido retirados del mercado tuvieron que ser reinyectados por la Fed y otros bancos centrales para evitar una caída y el desastre final. Por ahora, nuestros queridos banqueros no tienen soluciones.

Mientras tanto, Trump también picó a los gángsters que llevaban corbata. Mientras que los medios evitaron el tema de la cloroquina que mata el coronavirus, una píldora antigua diseñada para curar la malaria, Trump impuso a la FDA el uso de este medicamento que salva vidas en pacientes infectados en los EE. UU. Los medios no tuvieron más remedio que comenzar a hablar de ello, lo que provocó una reacción en cadena: los grandes CEO de farmacéuticas fueron despedidos porque acababan de perder el contrato de la vacuna- de hecho a Trump no le gustan las vacunas y ha sido aconsejado que una vacuna para el covid es larga ardua y en los coronavirus anteriores nunca ha funcionado.

LA NACIÓN DEL CORONAVIRUS

Países como Canadá parecían tontos genocidas por no usar el medicamento barato e inofensivo, mientras que el acto criminal más escandaloso de un gobierno se expuso a plena luz: ¡el gobierno de Macron había proclamado en enero de 2020 que la cloroquina era dañina y había restringido su uso, solo un par de semanas antes del estallido de la pandemia falsa! La ruleta rusa es un juego popular en los gobiernos occidentales en estos días.

El sábado 1 de marzo, Rusia anunció su propia pócima para matar el virus chino, basada en la poción mágica del Dr. Raoult. Sin embargo, otro golpe de cosacos, esta vez a la gran vena yugular de las big farmas, mientras que la mayoría de los países occidentales ahora tienen que implementar el tratamiento del buen médico o enfrentar la bofetada de una píldora rusa que viene para salvar a su ciudadano.

LA NACIÓN DEL CORONAVIRUS

Putin está en el negocio de salvar vidas en estos días: en la última semana de marzo, envió 15 aviones militares llenos de médicos y suministros directamente al norte de Italia, después de que la República Checa bloqueó un avión de ayuda de China. Estamos a punto de aprender que los países europeos temen que China o Rusia encuentren la verdad en la región de Lombardía, donde las personas no mueren por algún insecto corona, sino probablemente por un cóctel híbrido mortal de dos vacunas anteriores contra la meningitis y la influenza, que fueron inyectados en campañas de vacunación separadas.

Putin es ahora converso cristiano ortodoxo, antiglobalista, de fronteras cerradas y cercano a países de occidente con los que quiere hacer negocio. Y por eso todo el mundo habla bien de China y mal de Rusia. Porque Rusia es ahora anticomunista, anti multidiversidad, anti aborto y anti políticamente correctos.

Dije antes que todos los días traen noticias increíbles. Bueno, en las últimas semanas de febrero en los corredores de la casa blanca, los más impresionantes cayeron como una tonelada de ostias en redes sociales: los espectadores confinados se enteraron de que Trump había tomado el control de la Reserva Federal, que ahora es manejada por dos representantes de Hacienda del Estado- o departamento del tesoro. De todas las noticias locas en el último mes, esta es, con mucho, la mejor y más impactante.

LA NACIÓN DEL CORONAVIRUS

El presidente Donald Trump hace un gesto junto con Jerome Powell, su candidato para convertirse en presidente de la Reserva Federal de los Estados Unidos en la Casa Blanca en Washington, Estados Unidos, 2 de noviembre de 2017

Después de tres años en el poder, Trump finalmente cumplió su promesa electoral de sacar a los bancos privados de los asuntos públicos de los Estados Unidos, poniendo fin a un siglo de explotación de los ciudadanos estadounidenses. Ha puesto al infame grupo de inversión Blackrock para comenzar a comprar importantes corporaciones para la Fed, lo que significa que está nacionalizando partes de la economía, mientras evita el colapso del mercado al implicar a importantes inversores privados en el acuerdo.

LA NACIÓN DEL CORONAVIRUS

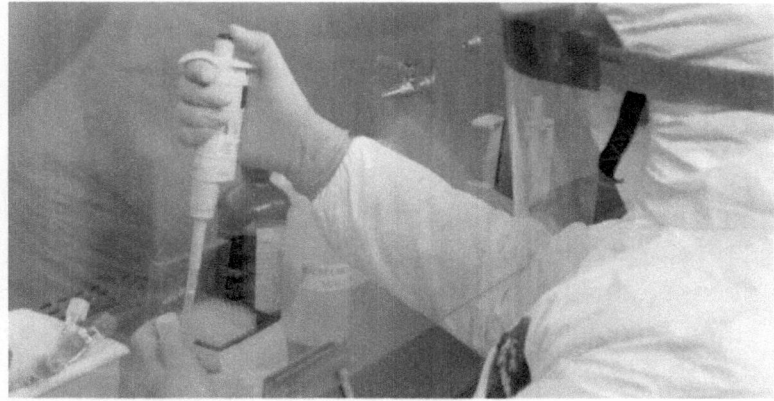

Un científico realiza un ensayo con el virus del coronavirus. EFE

- Coronavirus, última hora

Los laboratorios de todo el mundo trabajan sin descanso **buscando un fármaco que permita curar el coronavirus.** Son varias las vía de trabajo. Por un lado se busca una vacuna que proteja a la población sana y la inmunice ante el coronavirus (se calculan 18 meses para conseguirlo) y por otro lado se buscan soluciones para tratar la enfermedad.

La última novedad en este sentido llega desde Australia donde un grupo de **científicos de la Universidad de Moash, en Melbourne** ha utilizado un medicamento antipárasito denominado ivermectin en el laboratorio y aseguran que es capaz de acabar al virus de coronvirus en 48 horas. No obstante, los investigadores quieren ser prudentes y avisan que aún queda realizar ensayos clínicos en humanos para confirmar su eficacia.

"Hemos descubierto que incluso **una sola dosis podría eliminar todo el ARN**

Coronavirus Científicos australianos consiguen resultados esperanzadores en laboratorio. Ivermectina: el medicamento antiparasitario que acaba con el coronavirus en 48 horas

LA NACIÓN DEL CORONAVIRUS

El coronavirus se ensayó mediante un simulacro EVENTO 201 de pandemia en septiembre de 2019 En un hotel de Nueva York Los participantes (banqueros, empresarios de alto nivel y responsables de varios organismos financieros mundiales) se reunieron, , según la agencia Bloomberg, que tuvo acceso exclusivo al mismo, para explorar ideas sobre cómo mitigar los devastadores impactos económicos y sociales mundiales que resultarían de "un brote intercontinental grave y altamente transmisible".

Los participantes (banqueros, empresarios de alto nivel y responsables de varios organismos financieros mundiales) se reunieron para explorar ideas sobre cómo mitigar los devastadores impactos económicos y sociales mundiales que resultarían de *"un brote intercontinental grave y altamente transmisible"* El ejercicio se diseñó alrededor de un virus ficticio, un coronavirus natural (no muy diferente al SARS o MERS) que según el ejercicio, habría surgido de los cerdos, que según el vídeo difundido en internet por los organizadores del evento, sintetiza las campañas oficiales contra el COVID-19 lanzadas por varios gobiernos, casi a modo premonitorio.

El evento fue organizado por el Centro Johns Hopkins para la Seguridad de la Salud, en asociación con el Foro Económico Mundial y la Fundación Bill y Melinda Gates. Solo se podía acudir por invitación, con la asistencia de medios como Bloomberg.

LA NACIÓN DEL CORONAVIRUS

No se permitieron grabaciones de video y audio, sino que después del evento, se seleccionaron videos y audio de alta calidad para su difusión en medios seleccionados, normalmente prensa especializada dirigida a público determinado.

LA NACIÓN DEL CORONAVIRUS

Entre los participantes estuvieron Ryan Morhard, asesor en materia de salud y economía del Foro Económico Mundial; Chris Elias, presidente de la División de Desarrollo Global de la Fundación Bill y Melinda Gates; Tim Evans, ex director de salud del Banco Mundial; Avril Haines, ex subdirector de la CIA, Sofía Borges, en representación de Naciones Unidas; Stanley Bergman, presidente de la Junta y CEO de Henry Schein (un distribuidor mundial de suministros médicos y dentales, incluidas vacunas, productos farmacéuticos, servicios financieros y equipos);

Paul Stoffels, Director Científico de Johnson & Johnson; Matthew Harrington, Director de Operaciones Global de Edelman (una de las firmas de consultoría de marketing y relaciones públicas más grandes del mundo); Martin Knuchel, Jefe de Gestión de Crisis, Emergencias y Continuidad de Negocios de Lufthansa; Eduardo Martínez, presidente de la Fundación UPS; Hasti Taghi, Vicepresidente y Asesor Ejecutivo de la cadena norteamericana NBC.

El propósito principal de la simulación fue ilustrar el debilitamiento de las alianzas internacionales y la debilidad gubernamental en la gestión de estas crisis, para así promover y aumentar las asociaciones público-privadas. Si bien los participantes reconocieron al sector público como la primera línea de defensa contra las pandemias, destacaron su liderazgo compartido con el sector privado.

LA NACIÓN DEL CORONAVIRUS

Pero siguiendo con lo de Trump y Putin, este movimiento de ficha audaz llega en un momento crucial y nos enfrenta a la comprensión de que Vladimir Putin y Donald Trump están unidos y han llevado a la humanidad a la encrucijada del Nuevo Orden Mundial y la libertad. Como dije anteriormente, pensé que el mundo cambiaría profundamente entre 2020 y 2024, porque estos serían los últimos 4 años de estos dos héroes en el poder político de sus naciones.

El Nuevo Orden Mundial se enfrenta a los dos países más poderosos del planeta, y esta falsa pandemia cambió todo. Mostró cuán desesperados están los banqueros, y si no queremos terminar con ojivas nucleares volando en ambas direcciones, Putin y Trump tienen que detenerlos ahora mismo.

Termine el BPI, el Banco Mundial, el FMI, el Banco Central Europeo, la UE, la OTAN, ahora. Nuestro mundo no será perfecto, pero podría mejorar mucho pronto.

La resurrección de Pascua se acerca. Esto puede convertirse en un suceso de proporciones bíblicas.

LA NACIÓN DEL CORONAVIRUS

LA NACIÓN DEL CORONAVIRUS

China pudo haber cerrado sus fronteras y sus vuelos

Pudo haber parado el virus chino de su propagación en menos de 1 semana

Pero en vez de salvar el planeta…

Decidió propagar el virus a todo el planeta

La moraleja, es que el mismo virus que nos infectó mortalmente…

Probablemente la infección nos va a curar del globalismo…

Porque con el virus morirá el globalismo

La Verdad Contra el Mundo

LA NACIÓN DEL CORONAVIRUS

Bibliografía

-Unclassified Documents FBI department of justice Nov 2019

-Paul, Karen; CBC news Oct 2019 cbc.ca/news/canada/manitoba/national-microbiology-lab-scientist-investigation-china-1.5307424

-Jane Qui, Scientific American Enero 2020

- Institute of Virology Wuhan, Scientists clarify HIV entry into resting CD4 T cells 2019

-National Review, Origin of Coronavirus Lab and Patient ZERO February 2020

- Inventing the AIDS Virus: Peter Duesberg, Kary Mullis 1996

-BioRxiv articulo sobre inserciones SIDA y Coronavirus Enero 2020

-1000 genomes Project 2020 articulo en genes y razas afcetadas por coronavirus

-Dr. Catedrática Dena Grayson twitter hilo sobre inserts del coronavirus ebola sida y covid. Marzo 2019

-Como patógenos han escapado de laboratorios "How pathogens have escaped labs over and over again" de Kelsey Piper Febrero 2019 revista vox.com USA

-Aria Bendix "Billonarios se escapan a bunkers durante apocalipsis" Junio 10 2019

-Bill Gates and his foundation 2019 simulations 201

-Mathew Tye " The Source of Corona Virus" March 2020 youtube posting

LA NACIÓN DEL CORONAVIRUS

LA NACIÓN DEL CORONAVIRUS

LA NACIÓN DEL CORONAVIRUS

LA NACIÓN DEL CORONAVIRUS

www.ingramcontent.com/pod-product-compliance
Lightning Source LLC
Chambersburg PA
CBHW021408210526
45463CB00001B/272